新　潮　文　庫

近大マグロの奇跡

—完全養殖成功への32年—

林　宏　樹　著

新　潮　社　版

9835

熊井《くまい》英水《ひでみ》先生はじめ、近畿大学水産研究所のご協力により、
不可能と思われたクロマグロの完全養殖に果敢に立ち向かわれた歴史を、
このような形で広く紹介できる機会をいただけたことを
厚くお礼申しあげます。

挑戦のはじまり〜まえがきにかえて

平成一四（二〇〇二）年七月六日、新聞紙上に「クロマグロ　完全養殖成功」の文字が躍った。近畿大学水産研究所では、クロマグロの完全養殖に向けた研究を昭和四五（一九七〇）年に開始。三二年にわたって取り組んできた研究の成果は、世界初の快挙として華々しく報道された。

完全養殖とは、天然の稚魚を成魚に育てて卵を採取し、その卵を孵化《ふか》させて育てた成魚からふたたび採卵する、というサイクルを半永久的にくり返す養殖法で、最初の稚魚を獲《と》る以外は天然資源に一切負担を掛けずに済む方法である。

この挑戦の対象となったクロマグロはホンマグロとも呼ばれ、単にマグロといえばクロマグロを指すことからもわかるように、マグロの中のマグロといえる。マグロの中でももっとも高値で取引され、「海のダイヤ」の異名をもつ。脂《あぶら》ののったトロは最高級の寿司《すし》ネタとして人気が高く、赤身の刺身も味が濃厚である。

高級魚の代名詞ともいえるこの魚は、高速で外洋を回遊し、大きいものでは体長三メートル、体重四〇〇キログラム以上にも成長する。生態も十分に解明されていなかったこの魚を完全養殖することは、研究者のあいだで永年夢のまた夢と考えられていたのである。

国家プロジェクト

近畿大学水産研究所でクロマグロの養殖実験が本格的に始まったのは昭和四五年のこと。きっかけは、水産庁が行った「マグロ類養殖技術開発試験」の試験担当機関のひとつとして、同研究所が選ばれたことによる。

「マグロ類養殖技術開発試験」は、水産庁のプロジェクト「資源培養型漁業開発のための研究」の課題のひとつに挙げられた「有用魚類大規模海中養殖実験事業」にもとづくもので、水産庁の報告書によれば、この事業の背景として、

①　我国の経済成長が、中・高級魚に対する需要増大をもたらし、マグロの需要

も顕著に伸びていること

②　この傾向は欧米諸国においても認められ、マグロの供給不足が顕在化しつつあること

③　開発の進んだマグロ資源を対象に漁獲規制が必要になってきていること

などが記されている。

では、実際の漁獲高は、当時どう推移していたのか。もう少しくわしく昭和四五年のマグロを取り巻く状況を見ておこう。

昭和四五年という時代

日本のマグロ類（クロマグロ、ミナミマグロ、ビンナガ、メバチ、キハダ）の総漁獲量は、戦後右肩上がりを続けてきた。ところが、一九六〇年代以降、日本の漁獲高は年間四〇万トンから二〇万トンあたりで落ち着くことになる。

一方で、世界におけるマグロの漁獲高に占める日本の割合を見ると、日本の漁獲

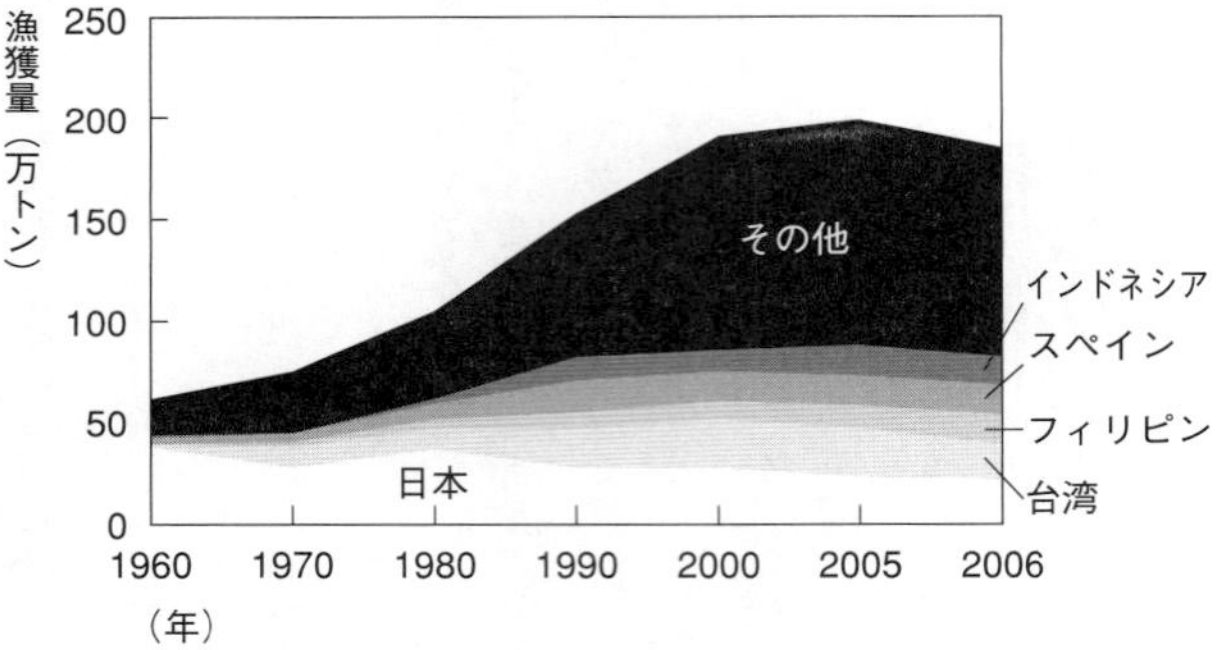

マグロ類（クロマグロ、ミナミマグロ、ビンナガ、メバチ、キハダ）の国別漁獲量
（水産庁『水産白書　平成20年版』を参考に作成）

高が落ち着いてからも、世界の総漁獲量は伸び続けている。六〇年代まで、日本の漁獲量が世界の総漁獲量の五割以上を占めていたが、七〇年代に入ると、ついに日本の漁獲量は世界の漁獲量の四〇％を切ることになった（上図参照）。六〇年代、七〇年代は、マグロ漁における日本の地位が相対的に落ちてきた時代ともいえるのである。

六〇年代以降、日本の漁獲量が頭打ちになった原因としては、大西洋やインド洋の漁場開発がほぼ終了し新たな漁場確保ができなくなってきたこと、台湾、韓国、インドネシアなどマグロ漁新興国が漁獲量を伸ばしてきたこと、欧米で日本の延縄《はえなわ》漁より効率的なまき網漁がより大規模に行われるようになったこと、などが挙げられる。

またこのころは、二〇〇海里《カイリ》経済水域問題が議論されはじめた時期でもあり、将来のマグロ漁に不安な要素も顕在化しはじめていた。

一方、需要面から見ると、終戦後マグロ産業の発展を支えたのは缶詰市場であった。ツナ缶は六〇年代まで日本のアメリカ向け輸出商材として、貴重な外貨獲得の手段だったのである。五〇年代半ば以降は、国内向けの生産も増え、ツナ缶は一般家庭でも広く使われるようになる。

また、高度成長を背景に、六〇年代後半に入るとマグロ漁船に超低温冷凍技術が普及し、国内では高速輸送網が整備され、家庭では冷凍冷蔵庫が普及するなどし、マグロの生食市場が急拡大した。今でこそ高級魚としての地位を確立しているマグロだが、冷凍技術の進歩以前には腐敗しやすいことから、高級魚としての扱いは受けてこなかった。冷凍技術の進歩がマグロの地位向上に果たした役割は大きいといえるだろう。

このように、近畿大学水産研究所でクロマグロの完全養殖実験が始まった時期は、漁業という産業から見ても、家庭の食卓から見ても、大きな変化の時代だったのである。

＊　＊

本書では、クロマグロの完全養殖にいたる挑戦の軌跡を、成功に導いた立役者である近畿大学水産研究所元所長（平成二〇年三月退任）の熊井英水氏の研究者像とともにたどってみたい。

挑戦の軌跡をたどる中で、クロマグロの完全養殖というひとつのストーリーを軸に、環境、資源、食料など、現在の社会が抱える問題を考える端緒ともなれば幸いである。

目次

近大マグロの奇跡

完全養殖成功への32年

第1章

クロマグロは養殖に向いた魚か

クロマグロ完全養殖の軌跡をたどる前に、クロマグロはどういった魚なのか、アウトラインを確認しておきたい。

分類学上クロマグロは、スズキ目サバ科マグロ族マグロ属に分類され、マグロ属にはクロマグロ、ミナミマグロ、メバチ、キハダ、ビンナガ、コシナガ、タイセイヨウマグロの七種が含まれる（図1－1）。

マグロ属の中でクロマグロはもっとも体長が長く、大きいものでは全長三メートル、体重四〇〇キログラムを超えるものもいる。クロマグロの名は、体の背側が黒いところからそのように呼ばれ、胸びれがほかのマグロに比べ短い点も特徴である。幼魚から成長するに従いヨコワ、メジ、チュウボウなど大きさと地域によって呼び名が変わる出世魚としても知られている。

単に「マグロ」といった場合、狭義でクロマグロを意味する場合も多いが、一般的にはマグロ属を意味することもあり、さらに水産統計や資源管理の数字では、マ

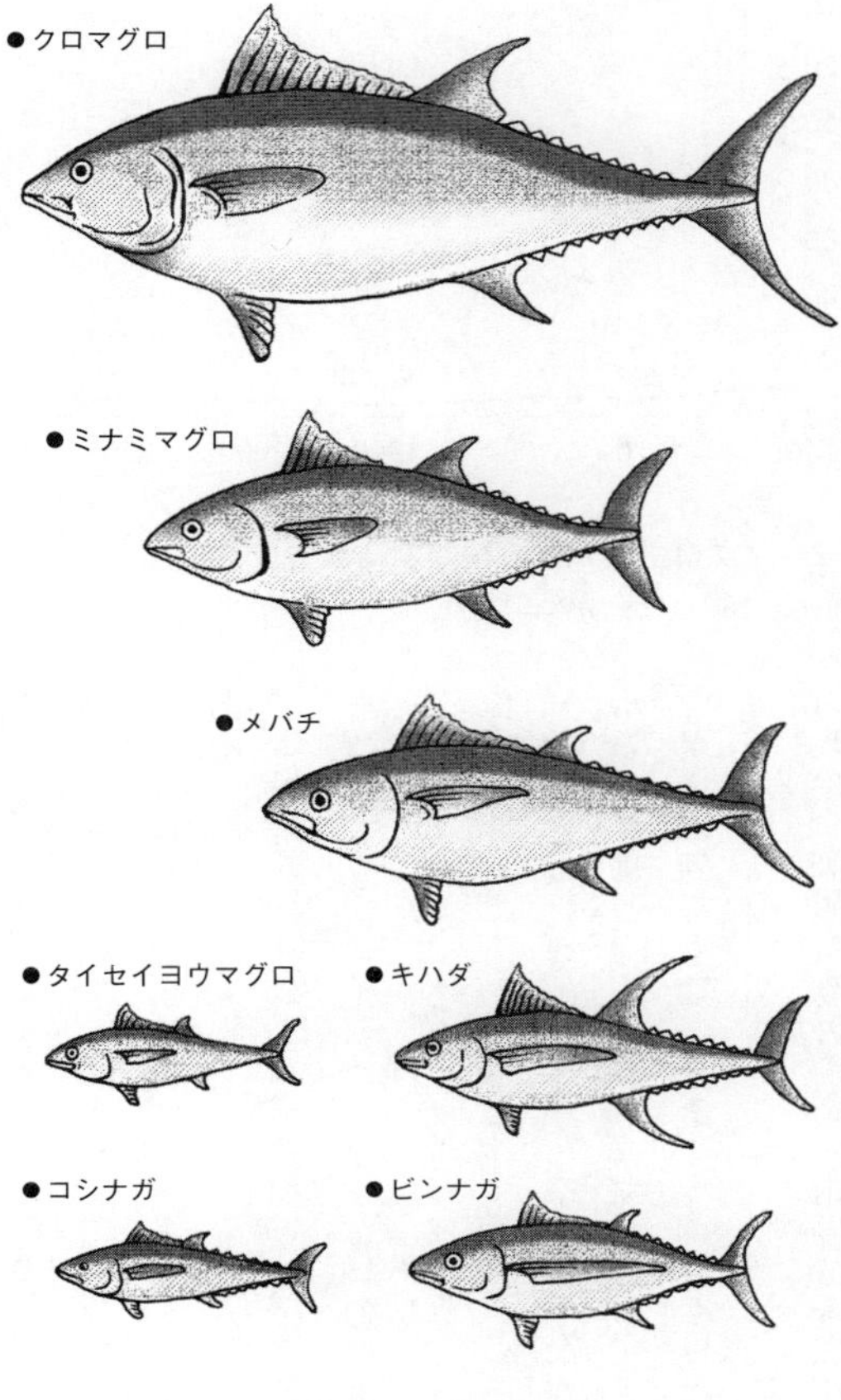

図1-1　７種のマグロ

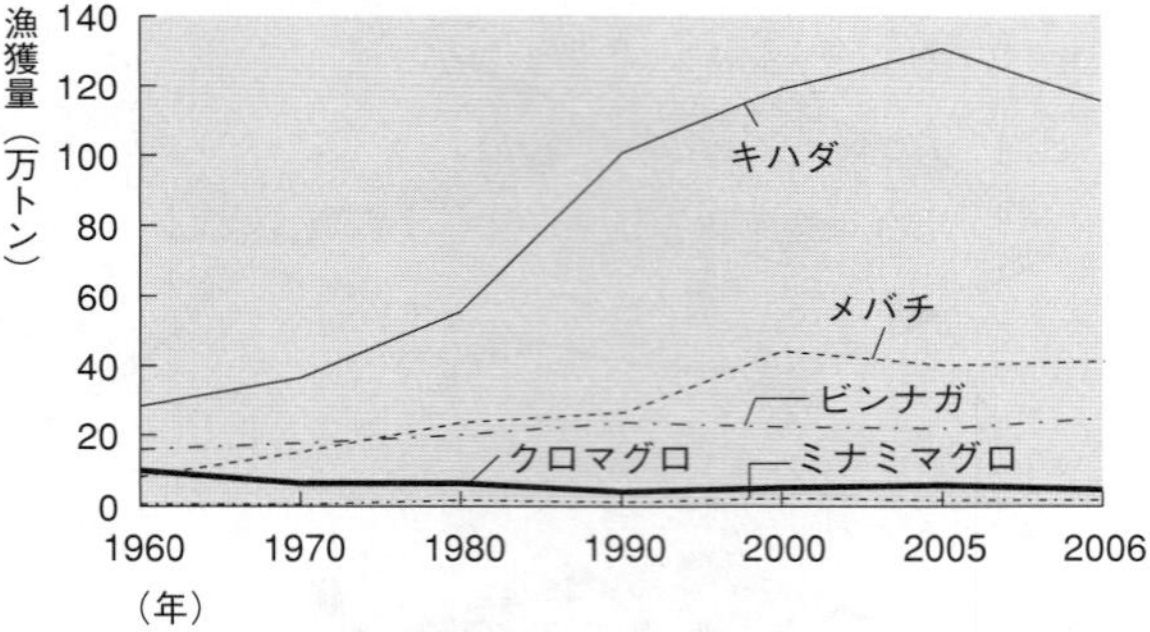

図1-2　マグロ主要五種の種類別総漁獲量
（水産庁『水産白書　平成20年版』を参考に作成）

グロ族（五属一四種）に含まれるカツオ属（カツオ一種のみ）がマグロ類として扱われることもあるので、この点統計数字を比較検討する際には集計方法に注意しておく必要がある。

マグロ属の中では、寿司《すし》ネタとして不向きなコシナガ、タイセイヨウマグロの二種は日本ではほとんど漁獲されておらず、これらの二種を除いた五種が、日本で消費される主要五種と呼ばれている（図1－2）。なかでもホンマグロと呼ばれるクロマグロや、インドマグロの名でも知られるミナミマグロは、肉質がよく高級マグロとされ、また漁獲量が限られ希少価値も高いため、市場でも高値で取引されている。

マグロ属を分類する際には、生息域や形態から熱帯性のキハダグループ（キハダ、コシナガ、タイセイヨウマグロ）と、温帯性のクロマグログループ（クロマグロ、ミナミマグロ、ビンナガ、メバチ）に分類する考え方もある。キハダグループはおもに熱帯域から亜熱帯域に生息し、クロマグログループは温帯域を中心に生息し冷水域にも適応する。いわゆる「回遊魚」であり、海水温に応じて大洋を回遊している。また、これらは成長段階によって生息海域が異なっている（詳細は後述）。

一生泳ぎ続けるクロマグロ

マグロの一般的な形態的特徴として、強力な推進力を生み出すよく発達した尾びれ、高速遊泳時に体の周りにできる渦を解消するための、背びれや尻《しり》びれの後ろにあるのこぎり歯のような小離鰭《しょうりき》や、表皮に埋め込まれたような小さな鱗《うろこ》などがあげられる。

また、それらに加え温帯性のクロマグロやメバチ、ビンナガは、奇網《きもう》と呼ばれる毛細血管を体側筋の中や肝臓の表面に発達させていることがわかっている。これらにより冷水域でも体温を水温よりも五度から一〇度ほど高く保つことが可能となり、筋肉の活動を低下させず高速で遊泳できる仕組みを獲得している。ふつうの魚は、えら呼吸の際に熱が体外に逃げてしまうのだが、マグロの場合それが起こらないのである。ちなみに、熊井らの研究によると、クロマグロは、時速八〇キロメートル程度で泳ぐことが確認されている。

さらにマグロの興味深い生態として、生まれてから死ぬまで泳ぎ続けなければならない宿命がある。

ふつう魚は、えらを動かして水を取り込むことによって呼吸を行う。ところが、マグロにはえらを動かす能力がないのだ。そのため口をあけて泳ぎ続けることでしか呼吸のための酸素を取り込むことができない。休息時も、口をあけて泳がなければ窒息してしまう。忙しく動き回る人のことを冗談めかして「マグロ体質」と呼ぶが、生きて死ぬまで動き続けざるを得ない身体的特徴に由来するのである。

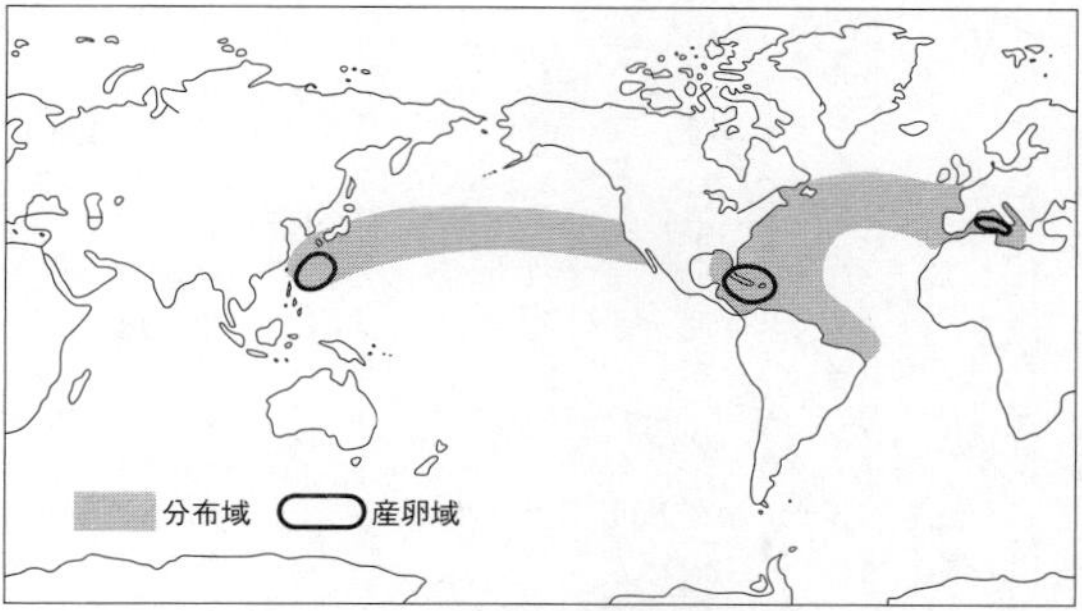

図1-3　クロマグロの主な分布域と産卵域

クロマグロはどこにいるのか

さて、このように高速で泳ぎ、回遊性が高く、広い範囲で出現が確認されるクロマグロであるが、地理的な生息域は太平洋と、地中海も含む大西洋に大別できる（図1－3）。現在分類学上は同一とされている太平洋と大西洋のクロマグロのあいだに交流はなく、産卵域も別であることから、別べつの亜種であるという説が古くからある。学名も太平洋クロマグロ（Pacific bluefin tuna, *Thunnus orientalis*）と、大西洋クロマグロ（Atlantic bluefin tuna, *Thunnus thynnus*）と別べつに付けられており、最近では分子遺伝学的解析も進められ別な種であるという認識も広がってきている。

太平洋のクロマグロは、日本南方からフィリピン沖の西太平洋が産卵の中心域とされ、五~七月にかけて産卵活動が見られる。孵化《ふか》後は黒潮に乗り、八~九月ごろには二〇~三〇センチメートル程度の幼魚群となり、日本の沿岸に出現。一歳くらいまでは日本沿岸を、夏季には北上し、冬季には南下する季節回遊を行う。二~三歳で体長が八〇~一〇〇センチメートル程度になると、北西太平洋を時計回りに回遊するようになり、一部は太平洋を横断し、カリフォルニア沿岸で季節回遊することも確認されている。カリフォルニア沿岸で一メートルを超えるまでに成長し産卵群となると、ふたたび西太平洋の産卵域に回帰してくる。産卵できるまでに成長するには五年を要すると考えられている。

一方、大西洋のクロマグロはフロリダ半島南方のメキシコ湾を産卵域とする西系群と、マジョルカ島からシチリア島にかけての地中海を産卵域とする東系群とに別れ、メキシコ湾では五~六月、地中海では六~八月にかけて産卵活動が見られる。どちらも孵化後しばらくは産卵域周辺に留まるが、西大西洋でも夏季には北上、冬季には南下する季節回遊を行う。地中海では、産卵域から地中海全域に広く分散するものの、一部はジブラルタル海峡から大西洋に出て、東大西洋岸を季節回遊することが知られている。

近年の研究で、アメリカ東岸で漁獲された大型の個体の約五割が地中海で孵化したものであることや、逆に地中海で漁獲された大型の個体の十数％がメキシコ湾で孵化したものであることが報告されており、大西洋における東西間の交流がかなりあることがわかってきている。なお、一般的にマグロの寿命は二〇〜三〇年といわれている。

成長にかかわる食性については、孵化直後は自身のお腹《なか》の袋から栄養を摂《と》るが、すぐにカイアシ類などの動物プランクトンを食べるようになり、ほかの魚類の卵や仔魚《しぎょ》のほか共喰いをすることもある。さらに成長すれば、イワシ類やトビウオ類、アジ類などの魚類のほか、イカ類やタコ類、オキアミなどの甲殻類も捕食する。このように成魚は、食性に関して特定の嗜好《しこう》性はなく、食物連鎖においては肉食の魚としてほぼ最上位に位置している。

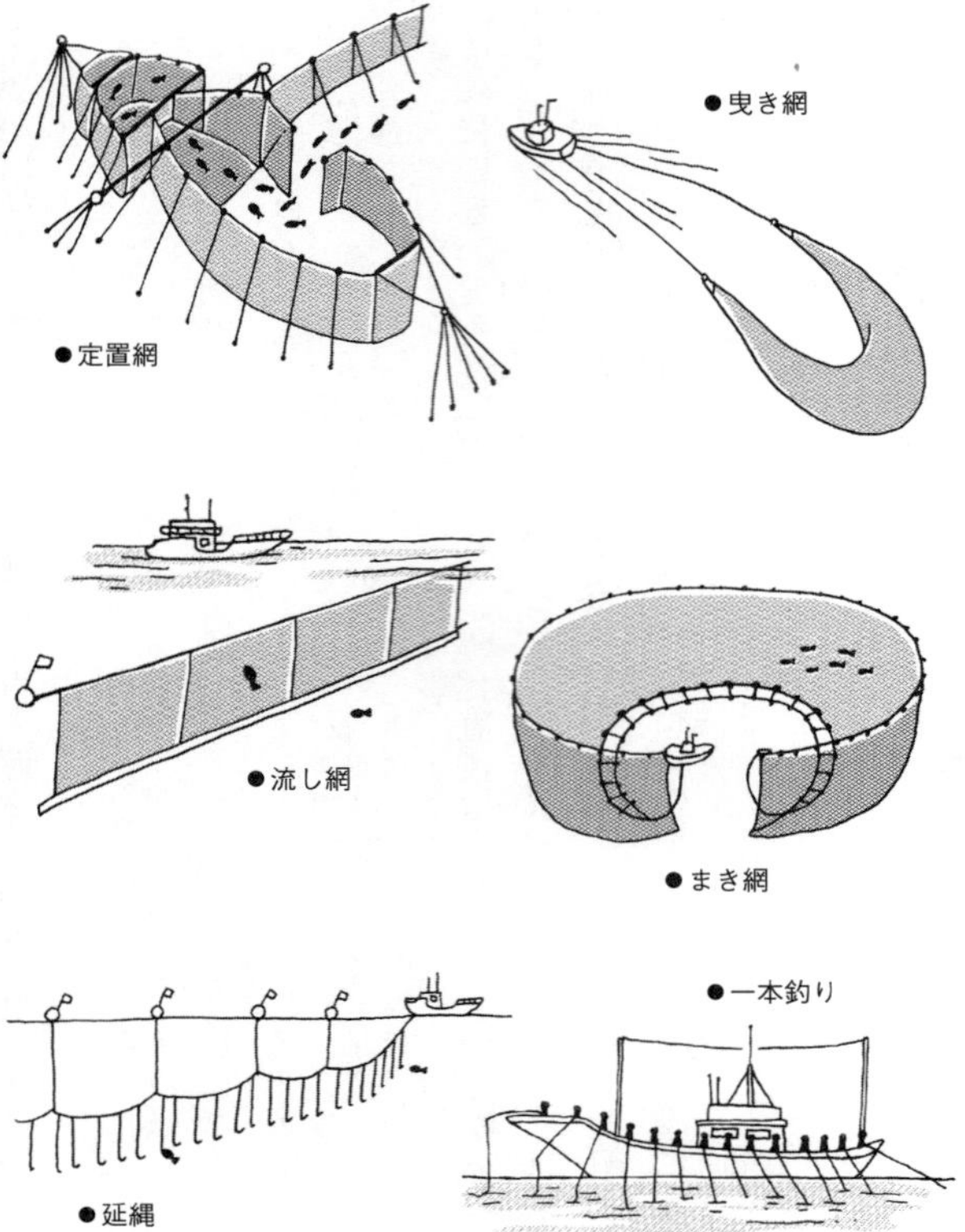

図1-4　マグロの漁法

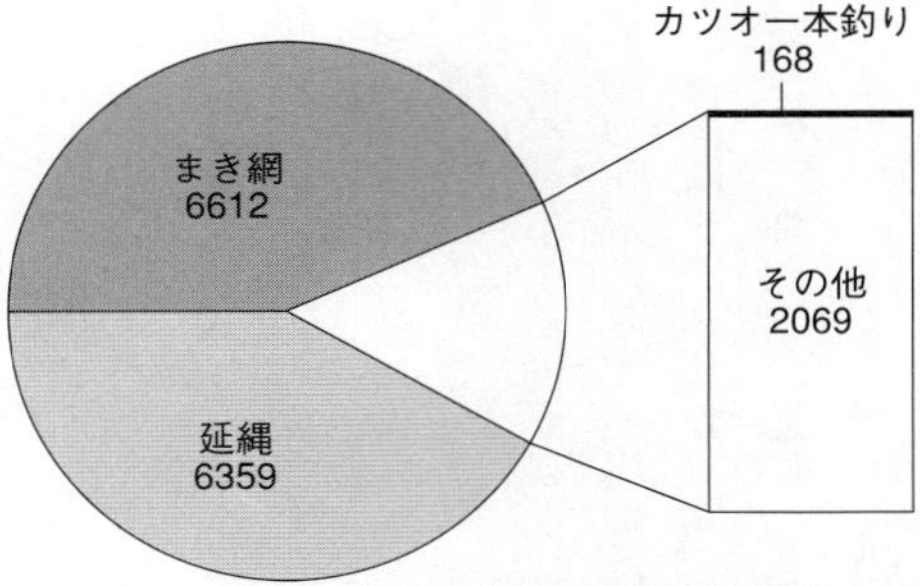

図1-5　平成18年の国内のマグロ類漁業種類別漁獲量（トン）
（農林水産省『漁業・養殖業生産統計年報』を参考に作成）

クロマグロの漁法

国内におけるクロマグロ漁は、沿岸の定置網や曳《ひ》き網《あみ》から、一本釣り、沖合いのまき網や延縄《はえなわ》までさまざまな方法で行われている（図1－4）。しかし、漁法別漁獲量からみると、平成一八（二〇〇六）年のデータでは延縄漁が国内クロマグロ漁獲量の約四二％、まき網漁が約四四％と、このふたつの漁法で全体の九割近くを占めている（図1－5）。

マグロ漁の歴史をさかのぼると、古くは縄文時代の貝塚からマグロの骨や釣り針、銛《もり》頭が出土している。これによって、その当時から一本釣りや銛で突くなどして漁獲し食されていたことが窺《うかが》える。

マグロと同じ回遊魚で漁法も似ているカツオは、「勝つ」に通じることから縁起がよいとされ戦国時代に食されていた記録が残っているが、江戸初期ごろまでは「シビ」と呼ばれたマグロは、その名が「死日」に通じるところから忌《い》み嫌われ、あまり好んで食されなかったようである。江戸時代も半ばを過ぎると、定置網の原型である大謀網《だいぼうあみ》の考案で漁獲量が格段に増え、また次第にまぐろを醤油《しょうゆ》に漬ける、いわゆる「ヅケ」にして食すようになったことで消費も増えてくる。

明治時代に入ると、船や漁具の改良がさらに進み、定置網よりも沖合いで行う流し網漁法による漁が帆船により行われるようになり、また大正末期ごろには、漁船の動力化が進み、漁場の沖合い化がさらに加速する。

戦後は、アメリカで開発されたまき網漁が導入されたことと、魚群探知機などの装置の高性能化が進み、さらに漁獲量が増えていった。

こういった船や漁具の改良が進む一方で、大正時代以降、日本独自の発展を遂げた漁法がある。「延縄漁」だ。これはマグロ漁において、現在も主力の漁法のひとつである。そこでこの漁法を少しくわしく見ておこう。

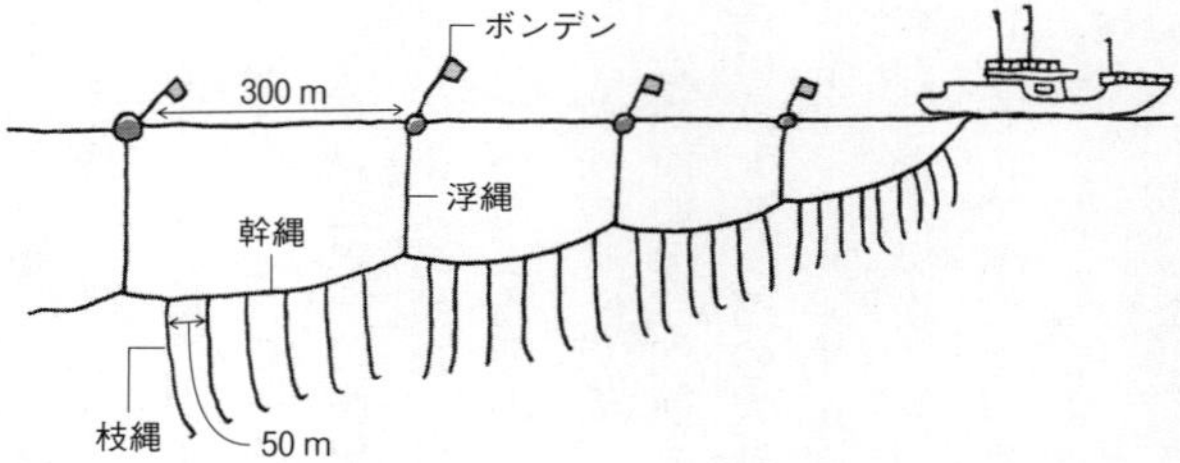

図1-6　延縄漁

日本で生まれた延縄漁

延縄漁は、簡単にいえば餌《えさ》を付けた釣針を長い縄に吊《つ》るして魚を釣る方法だ。漁具は幹縄、枝縄、浮縄、ボンデンと呼ばれる浮きなどから構成され、これらを漁場に仕掛けたあと、数時間待機してから縄を巻き上げる（図1－6）。

針の付いた枝縄は五〇メートル間隔で幹縄に取り付けられ、幹縄は三〇〇メートル単位で「一鉢」、または「一枚」と数える。以前は、これを繋《つな》げて使用していたことから、現在でも設置する縄の長さを「縄五〇〇鉢」などと呼ぶ。五〇〇鉢だと全長一五〇キロメートルにも及ぶが、マグロ延縄漁船の場合、四〇〇～五〇〇鉢が標準的な長さで、長いものでは七〇〇鉢に及ぶものもある。

延縄漁は、網を用いる漁に比べて時間がかかり、作業量も多く効率は悪いが、針の大きさなどを選択することで、稚魚や目的の魚種以外を混獲することが少なく、漁業資源に対してやさしい漁といわれている。

マグロ延縄漁の歴史は、江戸時代中期に千葉県安房《あわ》地方で始まったとされ、かなりの成果があったとの地方史の記録もあるが、ごく限られた地域の沿岸部だけで行われていたようである。明治以降、漁船の動力化が進み、出漁できる連続日数も伸び、縄を巻き上げる機械が導入されたことによって全国に広がっていった。

延縄漁船は、戦前カツオ一本釣りの裏作として広まった背景があるが、戦後の漁場の拡大や、船の大型化などにより専業化も進み、昭和三〇年代後半に、延縄漁の漁船数、漁獲量ともピークを迎えることとなった。その後、世界的な漁場開発の終《しゅう》焉《えん》や、資源保護の規制などから、漁船数、漁獲量は減っているものの、現在では韓国や台湾でもマグロ漁の主要な漁法となっている。

蓄養の欠点を解決する完全養殖

漁法の変遷《へんせん》について延縄漁を中心に戦前、戦後とたどってみたが、この間には日本人の味覚においても大きな変化が起こっている。

現在では脂《あぶら》ののったクロマグロのトロは、最高級の寿司《すし》ネタのひとつに挙げられる。しかしこれは比較的最近のことで、戦前まではトロを刺身で食べる人はほとんどいなかったという。江戸時代には、マグロの赤身を「ヅケ」にして食べる習慣が広がりマグロの消費量が増えるが、トロについては保存技術が発達していなかったこともあり、脂ののった身は腐りやすく市場でも商品価値がないことから、ネコも見向きもしない「ねこまたぎ」と呼ばれていたこともあるほどだ。戦後の高度成長期の食生活の中で味覚の嗜好が変化し、脂ののったトロが最高級という「トロ信仰」が生まれたのである。

こういったトロ信仰の中で始められた養殖法がある。「蓄養《ちくよう》」と呼ばれる養殖法で、天然界から漁獲した魚を、一時的に生簀《いけす》で飼いつけて、意図的に太らせてから

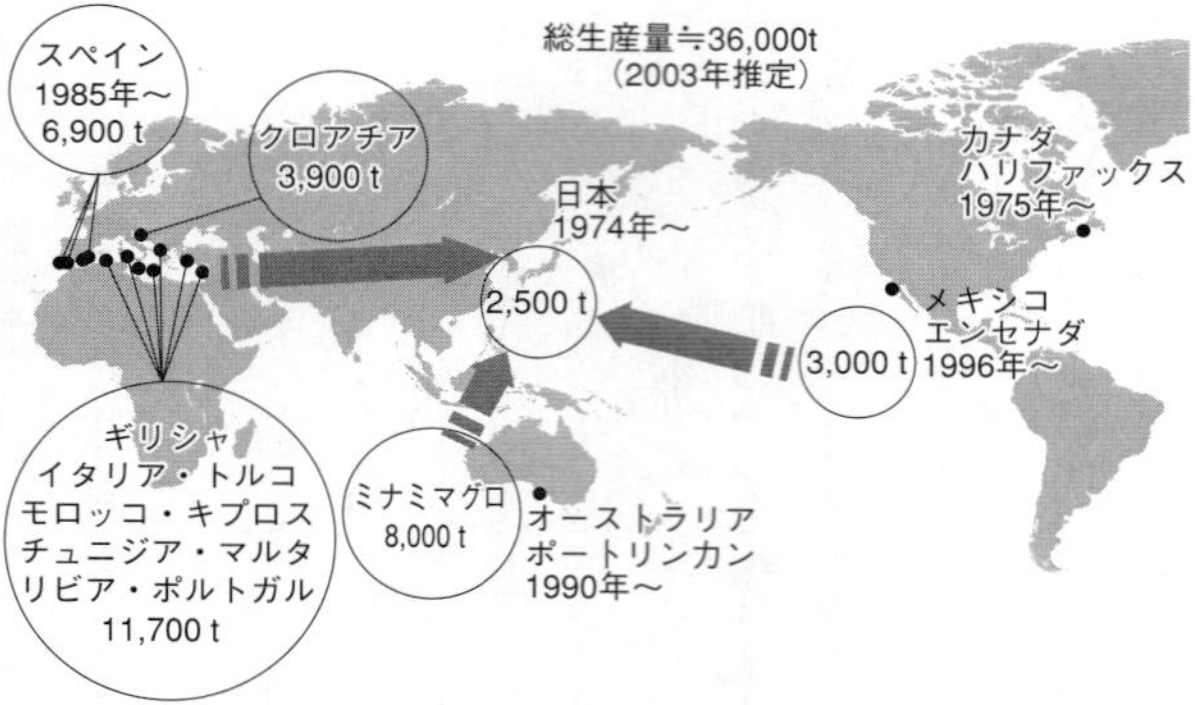

図1-7　世界のクロマグロ類養殖地図

市場価値の高くなったところで出荷する方法だ。

大きな魚体で、広範な海域を高速で回遊するクロマグロを、生簀で養殖するためには大規模な設備が必要であるが、蓄養マグロは高値で取引されるトロの部分の比率が天然ものより多く、脂ののった状態で需要に応じて適時市場に供給できるというメリットがある。

クロマグロの蓄養がもっとも盛んに行われているのは地中海で、現在では地中海沿岸諸国の主要な産業のひとつといってよいほどまでに発展している。その歴史も古く、すでに一九七九年にはジブラルタル海峡近くのスペイン領セウタで、日本市場向けに出荷することを目的に始められていた。蓄養マグロについては、漁獲後の体重変化や、密漁船の問題でなかなか正確な実態がつかめていない状態であるが、平成一五（二〇〇三）年時点の推計で、世界で三万六〇〇〇トンが生産されており、そのほとんどが日本に輸出されている（図1－7）。

蓄養の具体的な方法であるが、まず繁殖期もしくはその直後の天然マグロをまき網で漁獲し、運搬用生簀を使って沖合いの蓄養場所まで運ぶ。そして直径三〇～九〇メートルにも及ぶ巨大な生簀で数カ月間飼育され、生のままや冷凍処理を施して出荷するというものだ。

少し余談になるが、現在稚魚から成魚にまで育てる「養殖」と、出荷調整を主目的に一時的に飼いつける「蓄養」について市場で区分はされていない。われわれがスーパーなどで刺身を購入する場合、店頭に並んでいる商品は、JAS法（農林物資の規格化及び品質表示の適正化に関する法律）の生鮮食品品質表示基準と水産物品質表示基準によって、「養殖」「解凍」の表示は義務付けられているが、養殖と蓄養については区分されておらず、すべて「養殖」表示となっている。水産物品質表示基準で示されている「養殖」の定義は、「幼魚等を重量の増加又は品質の向上を図ることを目的として、出荷するまでの間、給餌《きゅうじ》することにより育成することをいう」となっているので、国の基準としてもこのあたりは明確に区分されていないのが現状である。これらの区分については、消費者として理解しておいて損のない部分だろう。

少し横道に逸《そ》れてしまったが、蓄養の一番の問題は、天然資源に大きな負担を掛けている点にある。とくに天然の魚をまき網漁で漁獲すると、幼魚から成魚まで、魚種も関係なく網に巻かれたすべての魚を文字どおり一網打尽にすることになるため、資源の減少が危惧《きぐ》されている。とくに近年、クロマグロ需要が世界的に高まり、市場価格も高値であることから、サイズを選別することなく漁獲する傾向が強く、新たな資源管理の方法が検討されている。

一方、蓄養に対して「完全養殖」は、最初の稚魚は天然界から獲《と》るものの、その後はその稚魚を成魚にまで育てて産卵させ、その卵を人工孵《ふ》化《か》させ成魚に育てることになるため、天然界から一切漁をしなくてもよいサイクルが成り立つ。このサイクルを完全に確立できれば、資源保護の観点からも希少な資源としてのクロマグロの稚魚の供給が、安定して可能となるはずである。

クロマグロの完全養殖の実現には、このような大きな期待が寄せられているのである。

その期待に応《こた》え完全養殖を実現するには、いかに人間の管理下で産卵、孵化、成長をコントロールできるかにかかっている。しかし、これはそんなに単純なことではなく、クロマグロの生態も、まだ十分に解明されているわけではない。研究者のあいだで、クロマグロの完全養殖が永年夢のまた夢と考えられていたゆえんもそこにあるのである。

クロマグロ完全養殖達成までの、長い道のりの始まりである。

第2章

魚飼いの精神——近畿大学水産研究所

クロマグロの完全養殖の舞台となった近畿大学水産研究所。設立当初からここには羊飼いになぞらえた「魚飼い」の精神が息づいている。その精神は現在にいたるまで脈々と受け継がれてきた。水産研究所で培《つちか》われてきた養殖のノウハウや理念の継承を抜きにして、世界初の快挙を語ることは不可能であろう。そこで、本章では水産研究所設立にいたる経緯と実績を振り返りながら、魚飼いの精神に迫ることにしよう。

海を耕す

水産研究所は、近畿大学の前身である大阪理工科大学附属白浜臨海実験所として、昭和二三（一九四八）年に開設されたことにはじまる。和歌山県白浜町古賀浦の古い旅館を一棟買い取り、事務所兼寮に充《あ》てられた。昭和二四（一九四九）年には学

図2-1　白浜臨海実験所
提供：近畿大学水産研究所

制改革により近畿大学が発足、近畿大学附属白浜臨海実験所となる（図２－１）。

開設にあたって、当時和歌山県選出の衆議院議員であり大阪理工科大学長を務めていた、のちの近畿大学初代総長世耕弘一《せこうこういち》は、戦後の食糧不足の中にあって「日本人全員の食糧を確保するには、陸上の作物だけでは不十分である。土地と同じように海を耕し、海産物を豊かにしよう」という思いをもっていた。良質なタンパク質供給のため、養殖漁業に取り組むことが研究所の命題だったのである。

その最前線で陣頭指揮を取ることになるのが、熊井《くまい》英水《ひでみ》の恩師である原田輝雄《てるお》である。原田は昭和一九（一九四四）年、一八歳で長野県立飯田中学を卒業後、広島県江田島《えたじま》の海軍兵学校に入学し、そこで終戦を迎える。終戦後、海軍兵学校は解散となるが、二〇歳で松本高等学校理科に入学。卒業後、中学校教諭を一年勤めたのちに、京都大学農学部水産学科に入学し水産学を学んだ。大学卒業は二七歳のときと遅かったものの、魚に対する探究心は熱いものをもっていた。

京都大学卒業後に着任した三重県立尾鷲《おわせ》高等学校での教諭の職を半年で辞し、昭和二八（一九五三）年秋から近畿大学助手として、白浜で魚と格闘する日々を送り始める。寝泊りは、養魚場のすぐそばにある木造平屋建ての監視所で、まさに寝る間も惜しんでの研究生活であった。

当時の魚類養殖は、鯉《こい》などの淡水魚については一〇〇〇年以上の歴史があったのに対し、海水魚はせいぜい三〇年ほどの歴史しかなく、まだ黎明期《れいめいき》といってよい。原田はまずハマチの養殖に取り組むことにする。

日本におけるハマチ養殖の元祖は、瀬戸内海の播磨灘《はりまなだ》に面した香川県引田村《ひけた》（現東かがわ市引田）の安戸池《あどいけ》で、昭和三（一九二八）年に始められた記録が残っている。海と繋《つな》がっている海水池を築堤で仕切る「築堤式」という方式で行われていた。着任後の原田は総長の世耕から「ぜひ引田を見てこい」と進言を受け視察に出向いている。

ハマチは出世魚で、関西では稚魚をモジャコと呼び、成長するにつれツバス、ハマチ、メジロ、ブリとなる。さっそく白浜でもツバスを、四〇センチメートルほどのハマチに養殖することに取り掛かるが、原田がまず着手したのは、現在では日本の養殖場の九八％で採用され、世界各国にも広がっている「生簀《いけす》網式養殖法」（別名小割式養殖法）の研究である。

今でこそ当たり前になっているが、海に浮かべた筏《いかだ》に網を吊《つ》るし、その中で魚を育てる方法だ。生簀網式は、比較実験をするのに都合がいいばかりでなく、地理的制約もなく、多額の初期投資がなくてもできる利点もある。そこで原田は、漁師から分けてもらった体長一五センチメートルほどのツバスを二メートル四方の生簀で飼い始めた。

しかし、崇高な理念の下に設立された臨海実験所であったが、大学本部からの資金援助は乏しく、養殖用の餌《えさ》の運搬は自転車とリヤカー。冷蔵庫はなく餌の貯蔵は実験場の裏山に掘った横穴を利用し、包丁で一つひとつ餌を切り分けるという大変な重労働が続く研究現場であった。

海への憧《あこが》れ

原田が白浜の臨海実験所でハマチと格闘を始めたころ、熊井は広島大学水畜産学部水産学科の学生として、広島県福山市で水産増養殖の勉強をしていた。

昭和一〇（一九三五）年、長野県塩尻《しおじり》市の農家の次男として生まれ育った熊井が、なぜ生涯の仕事として海の魚を選んだのか。そのルーツは高校時代のはじめての海の体験、三重県鳥羽《とば》の答志島《とうしじま》の海にあるようだ。

熊井は自然に恵まれた環境に育ったこともあり、小学生時代から生き物に親しんでいた。松本深志《ふかし》高等学校時代には博物会に所属し、松本近辺の池という池を回りミジンコを採集し研究をしていたという。しかし、海の生物は実際に見たことも触れたこともなかった。それまでの熊井にとって中学校の修学旅行で京都、奈良方面に行く際、汽車の車窓からわずかに見えた伊勢湾《いせ》が海の体験のすべてであった。ところが高校二年生のときに、博物会顧問の山崎林治の教え子であった太田定浩が四日市《よっかいち》高等学校で生物の教鞭《きょうべん》を取っていたことから、合同研究会の話がもち上がった。答志島への二泊三日の採集旅行が計画されたのだ。

熊井にとって答志島で見るものはすべてが珍しく、昼間は夢中で磯採集に励み標本を作製し、夜は明かりに寄ってくるプランクトンを顕微鏡で観察したり、幻想的に光を放つウミホタルに感動したりと、興奮の連続の三日間を過ごした。

熊井自身のちに「このときの強烈な印象が、海を知らなかったわたしに海への道を選択させたのではないだろうか」と回想している。

高校卒業後、熊井は大学への進学を強く希望していたが、当時の成績ではろくなところに行けないと担任の先生からいわれていた。しかも就職を希望していた熊井の父親は、知り合いから国鉄の願書を取り寄せていた。父親との対立もあり、一二月になっても卒業後の進路はなかなか決まらない。そこで先生の協力と、農家を継ぐために農学校に通った兄の「次男が長男と同じようなことをしなくてもいい」という後押しを得て、一度だけという条件で、父親から大学受験の了解を取り付けた。海への興味が膨らんでいたことと、昭和二四年に設置された広島大学の水畜産学部（現生物生産学部）であれば受験勉強の遅れを挽回《ばんかい》できるだろうという担任の助言で、受験校は固まった。失敗は許されないという強い思いをもって臨み、結果、広島大学水畜産学部水産学科に進むことになった。

当時は長野の農村から大学に進学するものなどほとんどいない時代である。入学が決まると、当初大学進学に反対していた父親も進学を喜び、農家ゆえ現金収入が乏しい中、ちょうど生まれたばかりの子牛を売り、そのお金のすべてを「これで四年間勉強してこい」と熊井に渡してくれたという。以降、熊井は一カ月の寮費が一〇〇〇円の学生寮に四年間住み、奨学金とアルバイトで学費や生活費を工面し、実家からの仕送りは一切受けなかったという。

アルバイトは、メーデーの看板書き、アンケート調査、土木工事、着ぐるみを着ての街頭宣伝、原爆の資料整理、家庭教師とさまざまな仕事を経験したというが、その中でも熊井の性格の一端を物語るエピソードがある。大学二年の夏、同じ寮生だった友人と、帰省する寮生の土産用に、当時広島名産として知られていた柿《かき》ようかんを売る計画を立てる。ある老舗《しにせ》に行って理由を話すと「学生さんなら」と市価の六割で卸してもらうことができた。熊井らはそれを寮生には市価の八割で売り、一万五〇〇〇円の利益を得て山分けしたという。このお金で熊井は、真夏だというのにオーバーと当時流行していたダンボールにビニール貼《ば》りのトランクを五〇〇〇円で買い、さっそくそのトランクに荷物を詰めて意気揚々と帰省したという。当時の学生に寛容な広島の風土と、熊井の行動力を物語っているように思う。

運命のいたずら

広島での教養課程を終え、専門課程になると水産学科は福山の郊外へとキャンパスを移し、魚を獲《と》る漁労コース、それを加工する水産化学コース、魚を増やす水産増養殖コースに分かれる。当時は航海士の資格が取れ、船長になれる可能性もある漁労コースが花形であったものの、もともと生物好きだった熊井は、迷わず水産増養殖コースを選んだ。しかし、大学四年を迎え卒論にも目途が付いたものの、卒業後の求人は乏しく、また戦後に開設された学部だけに頼れる卒業生もいない。そこで大学の先生に相談に行くことにした。

ところが、紹介された女子高の生物の教師や、岡山県の漁業組合のフグ養殖の仕事にはどうも食指が動かない。三重県の公務員試験を受験し合格はしたものの、採用候補者試験で一年以内に欠員が出たときのみ成績順に採用するというものだったため、とうとう進路が決まらぬまま卒業式を迎えることになってしまった。

このまま一年間大学に残り、父の希望でもあった公務員試験に挑戦しようかと考え始めていた矢先に、学部長の松平康雄から「香川県庁に行かないか。三重県の合格があれば試験は受けなくてよいようだ。希望するなら履歴書をすぐに書いてきなさい」と連絡があり、すぐに履歴書を書き持参した。

「これで就職も決まる」と、ようやくひと安心というところであるが数日後松平から呼び出しがあった。熊井は松平の話を聞いて驚いた。

「履歴書を預かった翌日に神戸で東部瀬戸内海区漁業調整委員会があった。隣に金魚の遺伝研究の第一人者松井佳一《よしいち》先生が座られ、『今度近畿大学に農学部水産学科ができることになり赴任するが、付属施設の白浜の養魚場の番人を探している。適当な若者を知らないか』とおっしゃる。ちょうどいい若者を知っていますと、君の履歴書を渡しておいた」とのこと。いまでは考えられないような話ではあるが実話である。

運命のいたずらか、香川県庁に行くはずだった熊井の履歴書は、近畿大学へと渡ったのである。

熊井は近畿大学に農学部が新設されることは新聞報道で知っていたが、近畿大学がどこにあるかすら知らなかった。しかし、大学付属の養魚場で働けるとは非常に魅力的である。せっかくのチャンスでもあり、ぜひとも近畿大学で働きたいと願った。はじめて食指が動いた就職先といっていい。

松平とゼミの指導教官だった村上から、「四月に東京水産大学（現東京海洋大学）で水産学会がある。そこで原田先生に会ってきてくれ」といわれ、面接らしき顔合わせをすることになる。熊井はそれまで東京に行った経験はなく、はじめての東京に心躍らせた。東京には、熊井が中学三年のときに生徒会副会長を務めた際の生徒会会長で、疎開《そかい》で国民学校三年から長野にきていた、赤羽正康という親友がおり、熊井は彼の実家にお世話になることにした。赤羽の父は実業家で、赤羽は当時学習院大学の四年。自動車部に所属しており、当時は珍しかった自家用車で駅まで迎えにきてくれたという。翌日は面接会場の東京水産大学まで送ってくれるといい、熊井はその言葉に甘えることにするが、渋滞に巻き込まれてしまう。そして、はじめて食指が動いた就職先の最初の顔合わせに遅れてしまうのである。会場で待っていた広島大学の村上から、「なにごとぞ」と大目玉をくらいながらも、ともかく近畿大学の原田に挨拶《あいさつ》をすませた。

しかしその挨拶後、三週間を経てもなんの音沙汰《おとさた》もない。村上に相談したところ、電話も通じにくい時代のこと、「とりあえず電報を打って一度白浜へ行ってこい」との助言を受け、鈍行列車に乗って福山から白浜へと向かった。

事前に原田が白浜駅まで迎えにくることは知らされていた。しかし、白浜駅に到着しホームに降り立ちそれらしき人を探すがみつからない。すると登山帽に長靴の男がこちらを向いて笑っている。だれかと思いきや、原田ではないか。まさか大学の先生がそんな姿で迎えにくるとは思っていなかった熊井は面食らったが、それは四六時中魚のことばかり考えている「魚飼い」の自然体な姿であったのだ。

ハマチを売って研究費を稼ぐ

昭和三三（一九五八）年七月一日付で、正式に近畿大学臨海実験所副手となった熊井は、実験所の二階の一室に寝泊りしながら原田の下で魚飼いの生活を開始した。初任給の七〇〇〇円は食費と生活費でほとんどが消えたが、給料は二の次。好きな魚の研究ができる環境に心躍る毎日だった。熊井が加わった実験所では、ハマチ養殖の規模を拡大し、七・二メートル四方の生簀《いけす》網でさらに多くのハマチを飼える態勢を整えた。

「海を耕す」ことを理念に開設された実験所は、また「実学」という理念も併せもっていた。総長の世耕は「大学にとって基礎研究はもちろん重要だが、実学としてその研究を応用し、産業化することで社会に貢献するべきだ。そこからまた新しい開発が生まれる」という考えを常に原田らに話していた。

その世耕の考えに共感していた原田は、実験所で育てたハマチを大阪の中央卸売市場に売りに行くという大胆な行動をとった。自分たちが育てた魚の市場での評価を確かめるという意味もあるが、大学本部からの乏しい援助を補うためというのが主たる目的である。自ら育てた魚を売り、そのお金でさらに研究を進め、産業化を図るという、まさに今でいうところの大学発ベンチャー企業である。

魚の値段は、海が時化《しけ》たときには希少価値が出てよい値段で取引される。養殖魚はあまり時化には影響されないので、こういったときが出荷の狙《ねら》い目である。

当時は、小型の活漁船で和歌山市の和歌浦湾まで航行し、いったんハマチを生簀に移す。そして競《せ》りの時間まで身が硬直しないように深夜一二時ごろから〆《しめ》の作業に入る。これを朝の四時までに氷水を入れた水槽車で大阪へ届けるという、大変な労力を要する流れで出荷が行われていた。

こういった苦労の甲斐《かい》もあり、近大のハマチは、色や形、身の付きもよく、市場での評価も上々であった。熊井が実験所の副手となった昭和三三年の暮れには、九〇〇〇尾を出荷し、四〇〇〇万円もの売上になった。

原田はその売上金で新たに屋内の飼育施設をつくる。それまでは幼魚を漁師から分けてもらい、生簀で育てる養殖だったが、採卵、人工孵化《ふか》、孵化仔魚《しぎょ》の成育までを実験所内の飼育施設でできれば、天然界の漁業資源を減らすことなく魚を生産できる「完全養殖」が可能となる。養殖法が確立されていない魚種も、まだまだ多い。無限に広がる研究材料に、熊井らはさらに魚にのめり込んでいったのである。

家魚化をめざして——新たな挑戦

かねてより総長の世耕は、紀勢線敷設《ふせつ》に尽力した地元有力者の故・山口熊野《ゆや》代議士を顕彰したいと考えていた。また、山口の出身地であった那智《なち》勝浦町浦神の地元漁業協同組合からは、魚場を提供するかわりに、魚類養殖技術の指導をお願いしたいとの要請があった。両者の思惑が一致したことで、臨海実験所は浦神に新実験場を開設することになった。熊井と一年後輩の中村元二の二名が、この新実験場の立ち上げを任され現地に赴任した。浦神にひとつだけあった駅前旅館の一室が仮事務所に充《あ》てられ、浦神漁協の荷捌《にさば》き所の一隅を借りてのスタートだった。

現在では二万六〇〇〇平方メートル以上の敷地に研究棟や飼育水槽施設など立派な施設が並ぶ浦神実験場のすぐ横には、今も熊井が暮らす自宅がある。昭和三五（一九六〇）年の浦神実験場開設から数えて五〇年以上になるが、まさにこの浦神実験場が熊井の本拠地、城となるのである。この浦神実験場の開設にあわせ、白浜臨海実験所は、近畿大学水産研究所白浜実験場と名称を改め、水産研究所の本部も置かれることになった。

原田はのちに「あとから入ってくる若い者に苦労させないよう、実験場をたくさんつくってやっていくんだ」と熊井にいったという。その言葉どおり、近畿大学水産研究所は昭和三九（一九六四）年には三重県御浜町に淡水実験場（昭和四九〔一九七四〕年に新宮市に移転）を、昭和四五（一九七〇）年には和歌山県串本《くしもと》町に水産研究所大島分室（現大島実験場）を、昭和六一（一九八六）年には農学部水産学専攻の大学院設置にあわせて和歌山県すさみ町に水産研究所分室を、平成三（一九九一）年には富山県新湊《しんみなと》市（現射水市）に富山実験場を開設。原田の逝去《せいきょ》後も平成九（一九九七）年には和歌山県中辺路《なかへち》町に中辺路研究分室を、平成一三（二〇〇一）年には鹿児島県奄美《あまみ》大島に奄美実験場を開設し現在にいたっている（図2－2）。

熊井は原田について、「生産のためには実験場という考えだったのではないでしょうか。研究所が貧乏な時代から、魚を売って研究費や設備のためのお金を稼ぎ、

図2-2　水産研究所の実験場

魚種	時期
ヒラメ	昭和40年
ヘダイ	〃 42年
イシダイ	〃 42年
ブリ	〃 43年
カンパチ	〃 44年
イシガキダイ	〃 45年
ヒラマサ	〃 47年
シマアジ	〃 48年
ハガツオ	〃 48年
ヒラソウダ	〃 48年
マルソウダ	〃 48年
キス	〃 50年
キハダ	〃 51年
クロマグロ	〃 54年
クエ	〃 63年
マイワシ	平成2年

表2-1　人工孵化を達成した魚種と時期

『俺が盛り上げてここまでやってきたんだ』という自負というか、誇りがあったんだと思います」と語っている。

浦神実験場に赴任した熊井は、白浜実験場と手分けして、養殖技術の基礎がほぼ確立されたハマチ以外の魚種にも取り組み始める。もちろんめざすところは完全養殖である。

昭和四〇（一九六五）年にはヒラメ、昭和四二（一九六七）年にはヘダイとイシダイ、昭和四三（一九六八）年にはブリと、毎年のように近畿大学水産研究所では、卵の人工孵化による「世界初」の完全養殖が次つぎと達成されていった（表2－1）。

また、人工孵化による完全養殖が可能になった有用魚種を、品種改良することでより養殖しやすい品種や市場価値の高い品種にするための人工交雑の研究も行われた。

たとえば、マダイは天然のものだと一キログラムに成長するのに三年を要するが、人工孵化後に成長の早い個体を選択し、五〜六代継代したところ、一年半ほどで一キログラムにまで成長させることに成功した。このような方法を「選抜育種」という。

また、養殖では色が黒っぽくなり市場価値が下がってしまうマダイを、大きくなりにくいが、きれいな赤い体色が特徴のチダイと掛け合わせることで、成長が早く色もよい交雑種「マチダイ」として生産することにも成功した（図2－3）。そのほかにも近大では、さまざまな人工交雑を成功させており、一部は産業化の目途もたち、市場に出回っているものもある。近大が行った人工交雑の例を表2－2に示しておく。

さらに昭和四五（一九七〇）年には、白浜漁業協同組合（現和歌山南漁業共同組合白浜支所）と共同で、白浜水産養殖科学センターを設立。研究所で生産したマダ

図2-3　マチダイ
提供：近畿大学水産研究所

交雑の組み合わせ （雌）　　　（雄）	最初につくった時期	交雑の組み合わせ （雌）　　　（雄）	最初につくった時期
マダイ×クロダイ	昭和39年	ヒラマサ×カンパチ	昭和47年
マダイ×ヘダイ	〃 42年	マダイ×チダイ	〃 48年
イシダイ×クロダイ	〃 43年	イシガキダイ×イシダイ	〃 48年
イシダイ×イシガキダイ	〃 44年	ヒラソウダ×スマ	〃 51年
ブリ×ヒラマサ	〃 45年	マツカワ×ホシガレイ	平成10年
ブリ×カンパチ	〃 45年	ホシガレイ×マツカワ	〃 10年
イシダイ×メジナ	〃 45年	ヤイトハタ×クエ	〃 10年
クロダイ×ヘダイ	〃 45年	ヤイトハタ×マハタ	〃 10年
カンパチ×ヒラマサ	〃 46年		

表2-2　人工交雑の例

イの稚魚を全国の養殖業者に供給する種苗生産の事業も開始した。飼いやすく、市場価値を高めた家畜ならぬ「家魚化」された稚魚たちが全国に出荷されはじめたのである。

近大で生産されたマダイの稚魚はとくに養殖業者や市場の評価が高く、昭和五三（一九七八）年にはマダイの種苗生産は四五万尾に、その後も昭和五八（一九八三）年には一七〇万尾、昭和六三（一九八八）年には八三〇万尾、平成元（一九八九）年にはついに一〇〇〇万尾に達し、研究所の運営基盤を固めることに大いに貢献したのである。

第3章

ヨコワ捕獲作戦

第1章でも触れたように、現在の海外におけるマグロ養殖の主流は「蓄養」である。おもに成長の進んだ個体を捕獲し、短期間で出荷するという方法がとられている。しかし日本では、小型の個体を捕獲し出荷できるまで成長させるという「養殖」が主流である。これには太平洋系のクロマグロの産卵域や回遊の時期が大きく関係しており、大量に回遊してくる幼魚の捕獲が中心となるからである。この幼魚は「ヨコワ」と呼ばれる。クロマグロの完全養殖の第一段階として、このヨコワを生きたまま捕獲し、成長させることが重要なポイントであった。そこで本章では、ヨコワの捕獲をめぐる苦闘の日々を追いかけることにしよう。

水産庁「マグロ類養殖技術開発企業化試験」

昭和四〇年代、ヒラメ、ヘダイ、イシダイ、ブリ、カンパチと次つぎと世界初の完全養殖を達成していた近大水産研究所では、次に手掛ける魚種はどうするかという話題がしばしば上っていた。産業化を見据えて研究対象の魚種を選ぶ際には、たとえ価格が高くても消費者が欲しいと思えるような高級魚であること、その需要を天然の漁獲量で賄《まかな》うには不十分であることなど、いくつかのポイントがある。そのポイントを突き詰めていくと、「最後はクロマグロだな」という思いが共通認識となってきていた。

一方同じころ、マグロなどの高級魚の値上がりと需要の増大傾向が続いており、水産庁ではこの傾向は今後も続くと予想していた。また、マグロの漁獲量が頭打ちになったことや、沿岸から二〇〇海里《カイリ》を経済水域とする考え方が国連の場で国際条約化に向けて動き始めていたこと、漁獲方法や漁獲量について規制強化の流れになってきたことから、早急に対応策を打つ必要性を感じ始めていた。

当時マグロの資源量に関するデータはまだほとんど調査されておらず、データ収集のための取り組みがようやく始まったばかりだった。ただ、規制が実施されればマグロの最大漁獲国であり、最大消費国でもある日本が一番の影響を受けることは明らかであった。そこで水産庁では、沿岸漁業で進めていた「獲《と》る漁業から、作り

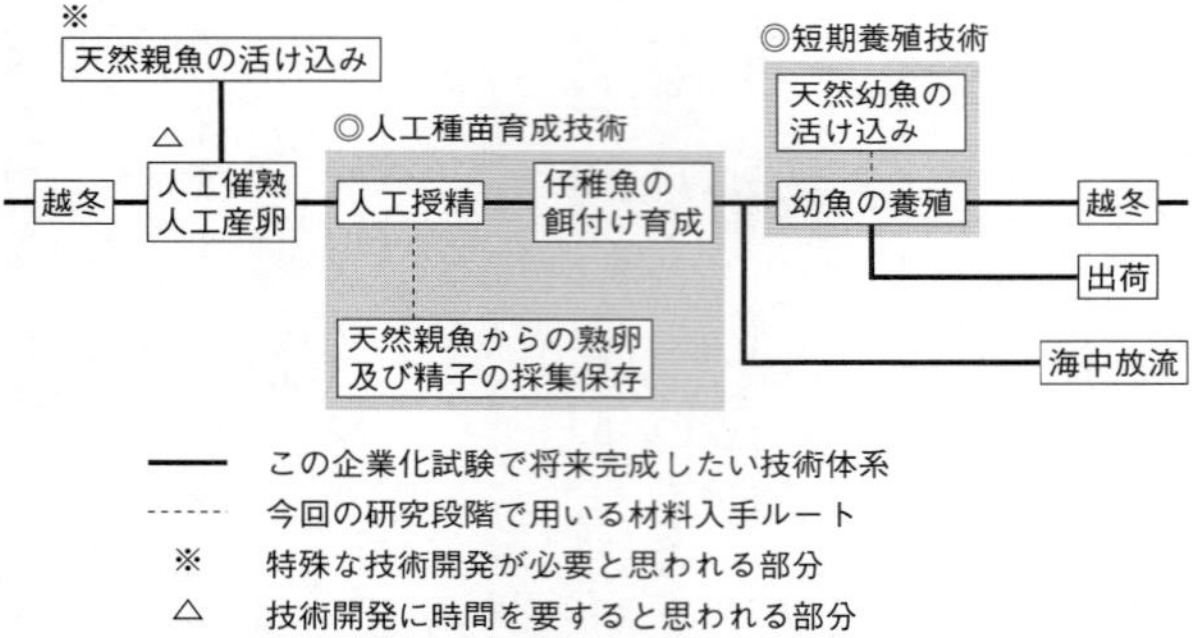

図3-1　マグロ類養殖技術開発企業化試験計画図
（『マグロ類養殖技術開発試験報告　1970年４月―1973年３月』／水産庁遠洋水産研究所）

育てる漁業」をマグロにも応用し、将来的な資源確保、さらにいえば日本の食卓を守るための施策を打つことになった。

昭和四五（一九七〇）年、水産庁は「有用魚類大規模海中養殖実験事業」として、サケ、タラバガニとともにマグロを選定。マグロについては三年間の計画で「マグロ類養殖技術開発企業化試験」が開始された（図３－１）。

しかし、当時マグロについては完全養殖どころか、稚魚から成魚に育てた記録もなかった。生態についても、回遊魚であることなどの基本的なことくらいしかわかっておらず、養殖するための参考となるデータはほとんどない状態からのスタートであった。

そのような状態の中で、安定したマグロ養殖産業の確立に向けた基礎的な研究課題として、「天然親魚からの採卵による人工種苗育成技術」と「天然幼魚を種苗とする短期養成技術」の開発が企業化試験の中で取り上げられる。人工種苗育成技術の開発については日本沿岸でも産卵が見られるキハダマグロが選ばれ、短期養成技術の開発については、クロマグロが品質と価格のうえでマグロ類中最高であることから、クロマグロの幼魚であるヨコワが対象魚種として選ばれた。

研究は全国五カ所の施設に委託される。静岡県水産試験場、三重県尾鷲《おわせ》水産試験場、長崎県水産試験場の三カ所の公立試験場。さらに私立大学からはアクリル水槽でクロマグロの飼育実績のあった東海大学、そして近畿大学である。

第一の壁――ヨコワの活《い》け獲《ど》り

クロマグロを養殖するためには、まず幼魚のヨコワを獲り、生簀《いけす》に活け込まなくてはならない。太平洋におけるクロマグロの産卵域は、日本南方からフィリピン沖の西太平洋で、孵化《ふか》後黒潮に乗って北上し、夏から秋にかけて一〇～二〇センチメートル程度のヨコワとなって日本沿岸にやってくる。

熊井《くまい》は、水産庁の試験の開始に先立ち、黒潮に洗われる本州の最南端、和歌山県串本周辺の定置網にヨコワが入るかどうかを調査に回っていた。

「こちらの定置網にヨコワは入りますか」

「入るけどヨコワを獲ってどうするんや」

「養殖のために活け込みたいんです」

ところが行く先ざきで異口同音に返ってくる答えは、「そんなもん絶対に無理！　ヨコワは手で触っただけでもすぐに死んでしまう」というものだった。

地元のほとんどの漁師に相手にされなかったものの、熊井はあきらめることなくヨコワの活け込み方法の調査を続けた。すると、定置網の船頭をしていた東八郎という漁師だけは「できるかもしれない」といってくれた。東は以前定置網に掛かったヨコワをバケツで掬《すく》い上げ、船の水槽でしばらく生かしていたことがあるという。

熊井は東の言葉を信じ、東の方法に習うことにした。

一方、和歌山県沿岸では、通称「ケンケン釣り」と呼ばれる曳《ひ》き縄釣り漁法でも

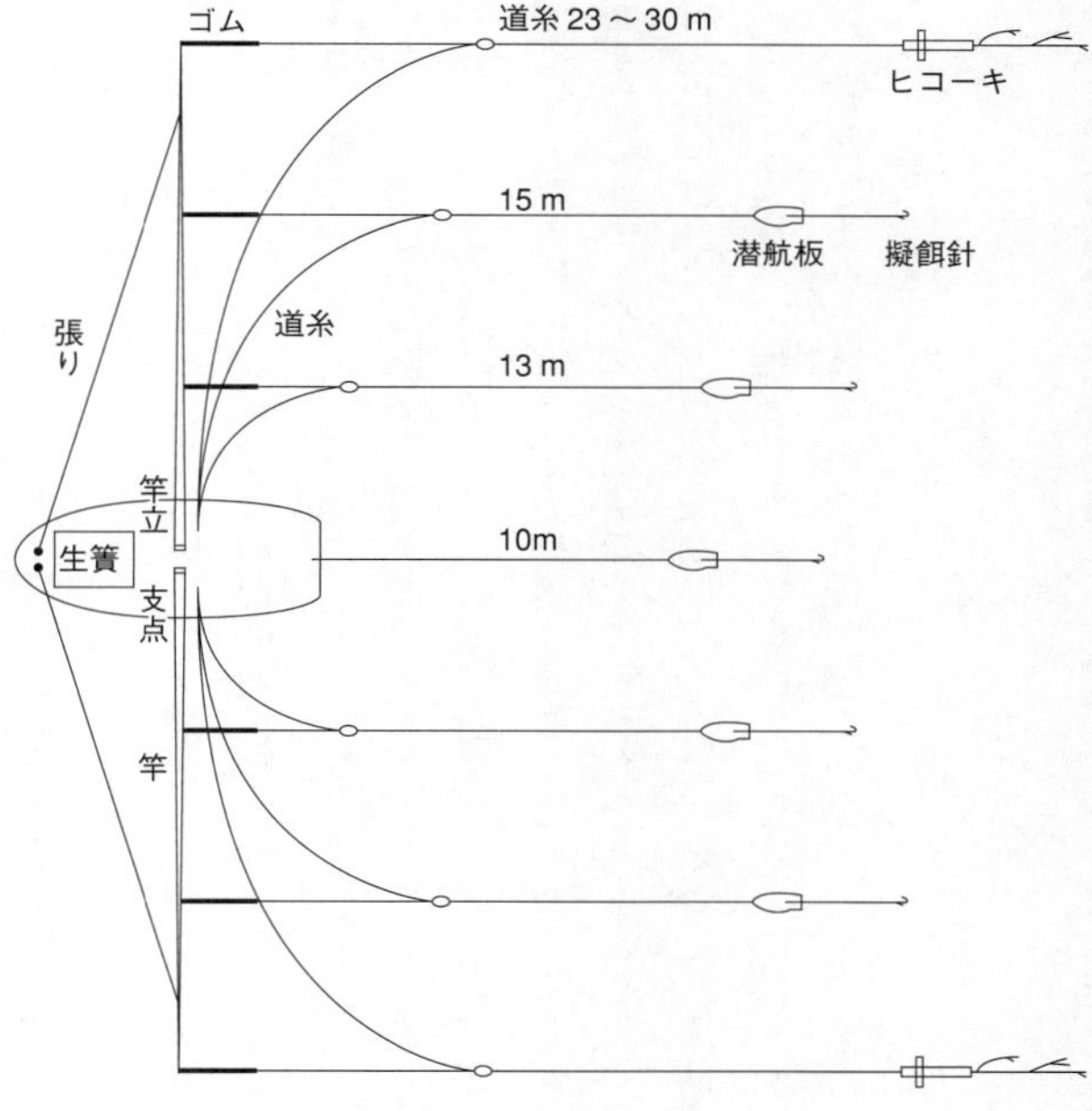

図3-2　ケンケン釣りの方法

ヨコワ漁が行われていた。この漁法は明治時代に串本の漁師がハワイの原住民カナカ族に教わってきた漁法と伝えられている。船の両側に竿《さお》を突き出し、竿から十数メートル伸ばした道糸の先に擬餌針《ぎじばり》を付け、船を航行させながら釣る漁法である。船を走らせると、擬餌針の手前に付けられた潜航板が水面をぴょんぴょん跳ねるところから、ケンケン釣りの名で呼ばれるようになったという（図3－2）。ちなみにケンケンとはハワイの古い言葉で、日本語ではピョンピョンである。

近大の研究チームは、まったく手探りの状態であったことから、定置網と曳き縄釣りのふたつの方法で、天然のヨコワを捕獲することにした。もしかすると、どちらかの方法で捕獲したヨコワが生き延びてくれるかもしれない。

四月。串本町大島にはクロマグロの養殖研究のため、新たに水産研究所大島分室も開設された。今まで実現不可能と思われていたクロマグロの完全養殖に向けたプロジェクトの第一歩がいよいよ踏み出されたのである。

第二の壁――捕獲したヨコワの全滅

昭和四五年八月一〇日、近大所有の二艘《そう》の漁船が白浜沖へ曳き縄釣りに出航した。八月一七日まで漁を行い、生簀に収容できたのは二五尾。さらに九月一日時点で生存していたのはわずか八尾だった。死んでしまった魚体を観察すると、無数の傷がついていた。マグロはハマチなどに比べて鱗《うろこ》が細かく、漁師の言葉どおり手で触るだけでもそこから痛んでくるような、皮膚の弱い魚だったのだ。研究チームの面々は、実際に傷ついたヨコワを目の前に、改めてクロマグロを養殖することの難しさを感じずにはいられなかった。

一方、九月一〇日、一一日の両日、串本町の定置網でもヨコワの漁獲が行われた。東の教えどおりに掬い上げて、定置網の横に設置した四・五メートル四方の網生簀にいったん入れる。しばらく網生簀に慣らしたあと、図3－3のハマチ養殖に使われている六メートル四方の長期飼育用の生簀まで曳航《えいこう》する作戦で、三一尾が収容された。九月二七日時点での生存は二七尾。曳き縄釣りに比べて生存率は高かったも

図3-3　ハマチ養殖の長期飼育用生簀

のの、ある日事件が起こる。

前日まで異常がなかった生簀に、翌日熊井が行ってみると、大事に見守っていたヨコワが全滅していたのである。なにが起こったのか訳がわからなかったが、いろいろ調べていくと海水の酸素濃度が下がりヨコワが酸欠状態で死んだことが判明した。このときは、民間養殖業者のハマチ用の生簀を借りてヨコワを活け込んでいたのだが、春先から養殖のために給餌した餌の食べ残しが生簀を通して海底に沈んでおり、これを分解するための好気性のバクテリアが繁殖。秋になって海水面の温度が下がってきたことで、酸素の少ない状態になっていた海底の海水が海面に上がってきてヨコワが酸欠に陥ってしまったのである。こういった現象は、配合飼料がまだ実用化されておらず、生餌《いきえ》が主流だった当時としてはよく見られたことであったが、ハマチは滅多なことでは酸欠で死ぬことはなかった。ヨコワはそれまで取り組んできた魚と比べて、非常に酸素要求量の高い魚だったのである。

またこの後、一〇月二五日に和歌山県を襲った暴風雨のために、この年に捕獲したヨコワは全滅してしまう。漁獲時に全長三三センチメートル、体重五〇〇グラム前後であったものが、全滅時には全長四一センチメートル、体重約一キログラムにまで成長していた。しかし、研究初年度の実験はこれで終わりとなった。わずか三カ月足らず、年末を迎えることもなく終わった一年目だった。

翌昭和四六（一九七一）年、前年の実験では、定置網で捕獲したヨコワの生存率が高かったことを踏まえ、漁獲は定置網に絞ることになった。八月から一〇月にかけての約二カ月間、潮岬《しおのみさき》と串本町大島の定置網で三九二尾を漁獲し、八七尾を収容した。

収容したヨコワは、前年同様に長期飼育用の生簀まで網生簀を曳航する計画だったが、台風の影響で波が高く網生簀を曳航できないままになっていたところ、九月上旬に台風が接近し大波が発生。九月二日までに漁獲した七一尾が収容されていた網生簀は、波で一方に寄せられ大部分のヨコワの体が損傷してしまった。行方不明となった個体もあり、結局長期飼育用の生簀に収容できたのは七一尾中一尾のみ。この惨憺《さんたん》たる結果は苦い経験となった。それでも期間後半に漁獲したもののうち、長期育成できそうな個体については、漁船の活魚槽を使って長期飼育用の生簀まで運び、一〇月末時点で一四尾が生存していた。

長期飼育用の生簀内を泳ぐヨコワを観察すると、体に損傷のない個体は、イワシなどのエサの食いつきもいい。一二月下旬となり水温が一六度を割ると餌の食いつきは低下してきたものの、一二尾を越年させることに成功した。しかし、越年の喜びもつかの間。低気圧の接近で網が吹き上げられ、一月一〇日には全滅してしまう。

三年の計画で始められたヨコワの短期養成技術の開発研究もこの時点で残り一年。すでに二年の月日が経過してしまったが、蓄積できた貴重な経験から試行錯誤がくり返されていた。生簀網の交換の際、網がもつれてヨコワに絡《から》まり体を損傷させてしまった失敗や、台風などの暴風雨による網の偏《かたよ》りは、三年目の課題として克服しなくてはいけない。

そこで考え出されたのが、波の影響で偏らない金網生簀の使用と、冬季は加温できる陸上水槽による飼育である。研究所のある紀伊半島は台風銀座とも呼ばれ、毎年秋には必ずといってよいほど台風がやってくる。研究三年目の九月にも台風が上陸したが、金網生簀に収容したヨコワ一四尾のうち、台風の影響で死亡した個体は一～二尾と最低限で抑えることに成功した。また陸上水槽に収容したヨコワは、水槽の浅さの問題や輸送に時間を要したこと、水槽に入れる時点ですでに魚体が九〇〇グラム前後に成長していたことなどから減耗が大きかったものの、二二尾収容したうちの二尾が越年し、当初金網生簀の個体に比べて劣っていた成長も次第に追いついていることが確認された。

このように蓄積できた結果はいくつかあったものの、三年目に漁獲したヨコワたちも結局は全滅してしまった。水産庁の試験期間は三年。予算は打ち切りである。

ほかの研究施設はどうだったのだろうか。唯一《ゆいいつ》、静岡県水産試験場で三年目に漁獲されたヨコワのうち、六尾が三年後まで生き続け「世界初のマグロ養殖に成功」と報道されたが、ほかの研究所は近大と同じく毎年全滅をくり返し、結果らしい結果は残せていない状態だった。

研究からの撤退を余儀なくされる研究所が続出する中で、近大も撤退の道を選ばざるを得ないのか。しかしこのクロマグロの完全養殖に向けた研究の指揮をとっていた原田は、諦《あきら》めようとはしなかった。

「うちには今まで蓄積してきた財産がある。今までも研究所で育てたハマチやタイを売って、研究費を稼いできたんだ。クロマグロの完全養殖も必ず成功させる」

熊井ら研究チームのメンバーは、原田のこの言葉に魚飼いの心意気を感じ、それまでにも増して研究に打ち込むようになる。

困難の克服――一度は諦めたケンケン釣りに活路

「なんとかヨコワを傷つけずに捕獲する方法はないものか」

研究所のメンバーが方法を模索していたときにヒントを与えてくれたのは、またしても地元の漁師だった。大島の隣にある通夜《つや》島《しま》でケンケン釣りを得意としている一人の漁師が「うまくすれば殺さずに捕獲できる」といったのだ。熟練した漁師は、擬餌針の部分を摑《つか》み、魚体に触れることなく船の水槽に魚を移していた。

一方で原田らは、定置網からのヨコワの捕獲に限界を感じ始めていた。定置網はもともとヨコワだけを狙《ねら》って仕掛けられたものではないため、網に入るヨコワの絶対数が少ない。網によってはまったくヨコワが入っていないこともあった。またヨコワ以外の魚も入ってくるため、ヨコワを掬い上げる際にどうしてもほかの魚や網に揉《も》まれて衰弱する個体が多かったのだ。

昭和四九（一九七四）年、原田らは一年目に思うような結果が残せず、一度諦めたケンケン釣りに再度賭《か》けてみることにした。しかし、活け込みまで生き残る割合を考えれば、一尾でも多くのヨコワを捕獲したい。そこで今回は漁協に協力を求め、擬餌針の外し方を漁師たちに指導し、合わせて約一五〇〇尾を釣り上げてもらった。

直径八メートルの円形の生簀《いけす》に活け込み、注意深く見守る。最初の二カ月は生きたイワシを与えるなど、できる限りの工夫を重ね、二カ月後の時点で約五八％のヨ

図3-4　上がヨコワ曳き縄釣り用擬餌針
（下は「返し」のある通常のもの）
提供：近畿大学水産研究所

コワが生き残った。四年続けての失敗を今回こそは無駄にしたくない。祈るような気持ちで見守ったヨコワたちは、原田らの気持ちが通じたのか、冬を越し、夏を越し、ついに天然ヨコワの養殖に成功する。

この昭和四九年に捕獲した一九七四年級群と呼ばれるヨコワがこのあとも生き延びてくれるのだが、それはあくまで結果であり、飼育中はまたいつ不慮の事故が起こって全滅してしまうかもしれないという不安との闘いである。原田らは昭和四九年に活け込んだヨコワを飼いつつも、ヨコワの捕獲方法や生簀に工夫を重ねていく。

ひとつにはヨコワを釣り上げる擬餌針に細工を試みた。擬餌針には釣り上げたあ

図3-5　擬餌針を外すバケツ
提供：近畿大学水産研究所

と魚が逃げてしまわないように「返し」と呼ばれる鉤《かぎ》状の出っ張りがついているが、これがあることにより針からヨコワを外す際にどうしても傷つけてしまうことが多くなる。そこで、この返しを叩《たた》いて潰《つぶ》し、すぐに針からヨコワを外せるようにしたのである（図3－4）。

また、擬餌針に掛かったヨコワをすぐに水槽には移さず、一八リットルサイズのポリバケツ上部に張ったてぐすに針を掛け、ヨコワをいったんバケツに入れるようにした（図3－5）。すぐに水槽に移すと、ヨコワがバタバタと暴れて体を傷つけてしまうのだが、この方法を採ると、最初はバケツ内で暴れるものの、酸素要求量の多いヨコワはしばらくすると酸素不足でおとなしくなる。この状態で水槽に移すと体を傷つけることも少なくなるのだ。少々暴れても、ポリバケツ内なら体が擦れて傷つくこともほとんどない。この方法をとるようになり、当初は釣り上げたもののうち三割程度しか活《い》け込めなかったものが、最終的には九割近くを生存させることができるようになった。

また、生簀については金網の生簀を用いることで網の偏りによる被害を抑えることに成功したものの、金網は耐用年数が二〜三年と短いことや、金網を支える強固な枠が必要なこと、海面への設置にクレーン車が必要になることなど、大掛かりで費用もかさみ、問題も多かった。そこで、枠のみに鋼鉄パイプや棒鋼を使用し、網自体は化学繊維を用いた「フロート支持枠方式」と呼ばれる生簀を使用するようにした。あくまでも産業化が目標である以上、経済性もクリアしなければいけないハードルなのである。

この生簀方式を簡単に説明すると、「フロート支持枠方式」の生簀はフロートでサークル状の鉄枠を支える形になっており、近大の実験場でも多くの生簀に使われ

図3-6　フロート支持枠方式（上）と連結フロート方式（浮子式）（下）の生簀
提供：近畿大学水産研究所

ている。枠が漁船を横付けし給餌《きゅうじ》する際などの足場にもなり、作業効率が上がるメリットがある（図３－６上）。

また、波の高い外海に面した海域では「連結フロート方式（浮子式）」と呼ばれる生簀を使用するようにした（図３－６下）。湾外で「フロート支持枠方式」を使用すると、台風などの際に、フレームが破損する恐れがあるための対応である。この方式は、網を支持するフレームがなく、フロートをサークル状に連結し、そこから網をたらす方式である。こちらは奄《あま》美《み》実験場などで使用されている。

第4章

はじめての産卵からの長い道程

さまざまな壁を乗り越え、ようやく目途の立ったヨコワの捕獲と養殖。しかし、クロマグロの完全養殖を考えたとき、これはまだ第一段階をクリアしたにすぎない。ヨコワを産卵できるまでに成長させ、その産卵から孵化《ふか》、さらに孵化仔魚《しぎょ》を産卵できるまでに成長させるサイクルを確立できなければ、完全養殖とはならない。とはいえ、それを達成したものはいまだおらず、だれも経験したことのない幾多の壁がそびえていた。試行錯誤はまだまだ続くのである。

挑戦から一〇年、はじめての産卵

昭和五四（一九七九）年、養殖に成功したヨコワは満五歳を迎え、六〜七月には推定一五〇〜二〇〇センチメートル、体重も五〇〜一〇〇キログラムのクロマグロに成長していた。成長に従い、生簀《いけす》も直径一六メートル、さらに直径三〇メートルと広いものに移し替えられ、その中を悠々と泳ぐ姿が観察できた。

クロマグロは産卵が近くなると、数尾の雄が雌を追いかける追尾行動を始める。最終的に雌が逃げ切れずに水面に上がってきたところを、雄が雌に接触する。すると雌から卵が放出され、そこへすかさず雄が放精する。

この追尾行動が六月、ついに観察され始めた。そして六月二〇日の夕刻。世界ではじめての養殖クロマグロによる自然産卵が確認された。ヨコワの捕獲に挑戦し始めてから一〇年目のことである。

連絡を受けた熊井《くまい》は浦神実験場からすぐに大島へ駆けつけた。水産研究所の所長になっていた原田も白浜からすぐに駆けつけてきた。はじめて見る水面に浮かんでいるクロマグロの卵は、一粒一粒が肉眼では確認できないほど小さい。この卵を集卵ネットで注意深く捕獲し顕微鏡で見ると、一つひとつの卵の直径は約一ミリメートル。中央には黒い油球が観察できた（図4－1）。この卵を見たメンバーは、この卵から体長数メートルに成長するクロマグロが産まれてくるのかと思うと、信じられないような気持ちがした。

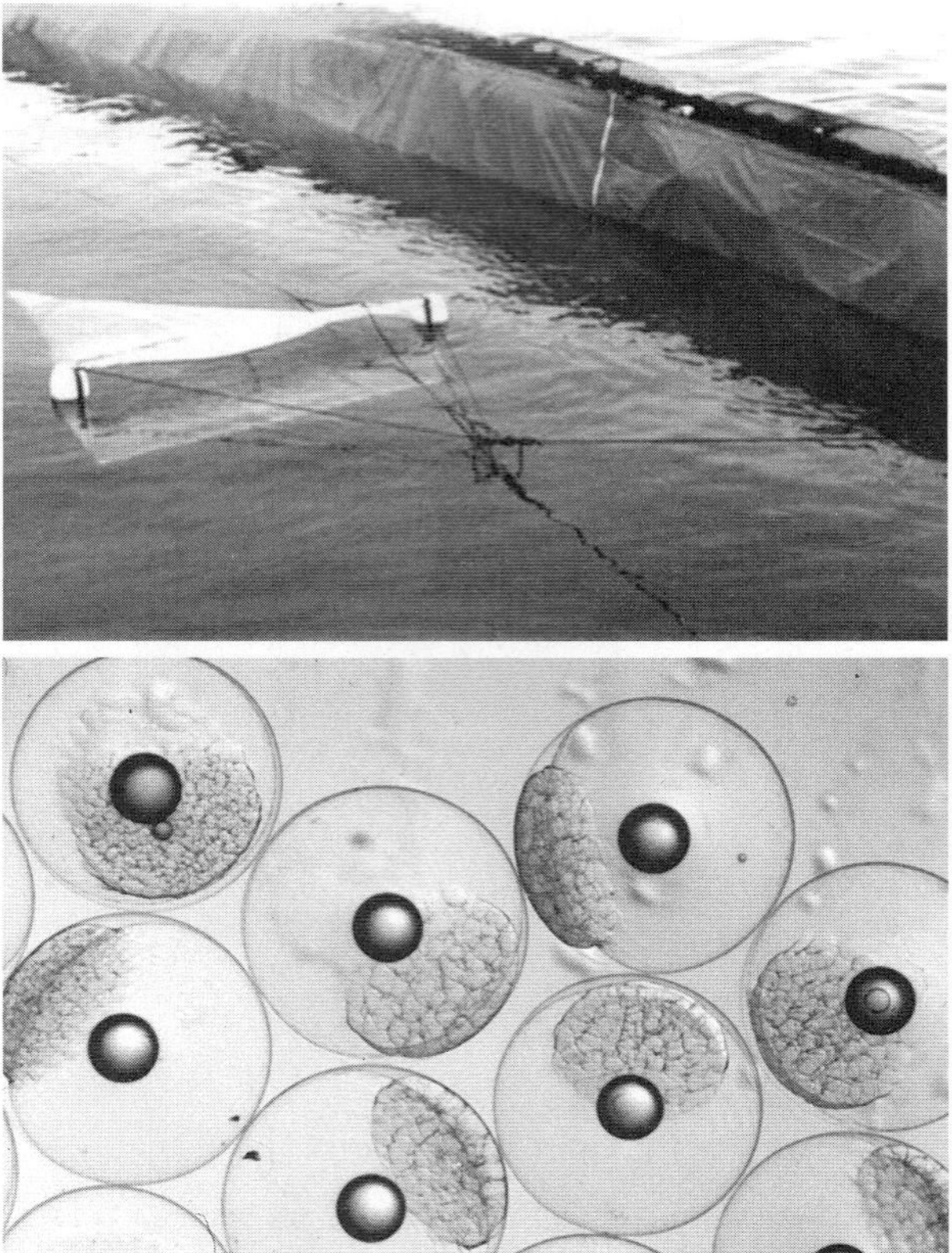

図4-1　卵を集める集卵ネット（上）とクロマグロの卵（下）
提供：近畿大学水産研究所

産卵は、六月二〇日から七月一六日まで確認され、最終的に約一六〇万粒の卵が採取された。孵化は、原田のもとでヒラメやブリの人工孵化に携わってきていた村田修《おさむ》に委《ゆだ》ねられた。村田は熊井が近畿大学に就職した翌年、白浜臨海実験所にやってきたベテランのメンバーだ。三年間実験補助員を務めたのち、いったん実験場を退職し、近畿大学農学部水産学科に入学。卒業後の昭和四一（一九六六）年にふたたび白浜実験場に着任していた。孵化のスペシャリストといってもいい。

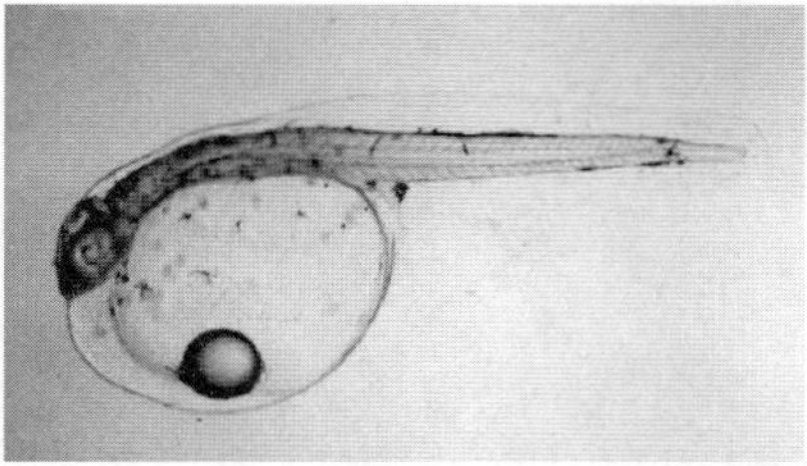

図4-2　孵化直後（全長約2.8㎜）
提供：近畿大学水産研究所

卵はすぐに白浜実験場の孵化水槽に移され、産卵時の海と同じ条件になるよう水流を起こし、水温は二五度に設定された。三五時間後、孵化が始まった。お腹《なか》に栄養の袋を抱えた孵化仔魚の全長は二・八ミリメートルほど（図４－２）。まだ自力で泳ぐ力はなく、水流に任せるまま水槽の中を浮遊していた。

二、三日はお腹の袋から栄養を吸収していたものが、三、四日目になると、口が開き、目もはっきりとわかるようになってきた。どう育てていいものかまったく手本がなかったが、餌《えさ》を与えなくてはいけない。村田はまず、タイなどのほかの仔魚でも汎用的《はんようてき》に使うシオミズツボワムシを与えた。四日目、五日目と順調に育ってくれているように見えた。

しかし、七日目。孵化仔魚たちは突然死にはじめた。変わらず元気そうな孵化仔魚がいるものの、死んで水槽の底に沈んでいるものや、衰弱して水流に流されるままになっているものも数多くいる。なぜなのか原因はまったくわからない。餌を変えるなどしてみたが、その効果もない。結局、あとからもち込まれた卵から産まれた孵化仔魚も含め、飼育開始から四七日目には全滅してしまった。最後の一尾は全長五・九センチメートル、体重二・三グラムだった。

昭和四九年に捕獲した一九七四年級群は、はじめて産卵した翌年の昭和五五（一九八〇）年と昭和五七（一九八二）年にも産卵。しかし、村田が餌の種類や給餌《きゅうじ》のタイミング、水温など、さまざまな条件を検討して臨んだものの、結果はほぼ同じ。昭和五七年に全長九・八センチメートル、体重一一・二グラムまで育った仔魚が、最長飼育記録五七日の記録を残したものの、完全養殖のために孵化仔魚から親魚を育てる道程は、なかなか出口が見えてこなかった。

空白の一一年と指揮官の死

水産研究所では、孵化仔魚の飼育をいかに成功させるかという難問とともに、さらなる難問が押し寄せていた。昭和五六（一九八一）年に産卵が見られなかったのに続き、昭和五八（一九八三）年以降も産卵のない年が続いたのだ。

そういった困難な状況の一方で、次つぎと世界初の完全養殖を達成してきた水産研究所への世間の注目は、養殖クロマグロの自然産卵、孵化成功のニュース以降も高まるばかりであった。

クロマグロの研究のきっかけとなった「マグロ類養殖技術開発企業化試験」を引き継ぐ形で、水産庁が昭和五五年から九カ年計画で始めた「マリーンランチング計画（近海漁業資源の家魚化システムの開発に関する総合研究）」では、水産研究所がクロマグロの担当研究機関に指名された。また、日本水産学会では、研究所で行ってきた「海産魚類の養殖技術に関する研究」の功績が認められ、所長の原田が昭

図4-3　水産研究所を視察される両陛下
提供：近畿大学水産研究所

和五七年、養殖技術では第一号となる日本水産学会賞技術賞を受賞。さらに昭和五八年には、当時の皇太子殿下夫妻（現在の天皇・皇后両陛下）が和歌山県をご訪問の際、水産研究所の視察にも訪れられた（図４－３）。

世間から注目されていることを、日々肌で感じた村田たちメンバーは、気持ちを新たに事態の打開に向けて、さまざまな試みを続けた。

生簀の環境が産卵時と変わってしまったのではないかと考え、生簀の場所を移動してみる。成熟作用のあるビタミンEを含む餌をやってみる。ホルモン注射を打てば産卵するかもしれない……。

しかし、考えられる可能性を一つひとつ潰《つぶ》していき、今年こそはという願いも空《むな》しく産卵のない年は七年、八年と重なっていった。

所長の原田も多忙な中、状況の打開策を案じていた。大島は本州最南端で黒潮の流れもあり、日本沿岸の中では水温も高い。しかし、天然のクロマグロのおもな産卵域である台湾東部海域と比べると、やはり水温の低さは否《いな》めない。原田は産卵が停止している原因は、水温にあるのではないかと考え始めていた。

平成二（一九九〇）年一〇月、原田は熊井と村田の二人を帯同し、奄美《あまみ》大島に向かった。奄美大島の瀬戸内町から実験場誘致の話があり、現地調査を行うためである。

「将来的に奄美大島に実験場を開設できれば、大島よりもよい環境でクロマグロの完全養殖をできるのではないか」

原田は次の展開を見据えていた。産卵停止から丸八年。クロマグロの研究に取り組み始めて二〇年。このとき原田は六四歳。プロジェクトのリーダーであった原田ももがき続けていたのである。

奄美大島の実験場候補地での説明会を開くなど、具体的に新実験場計画が動き出していた矢先の平成三（一九九一）年六月二四日。テレビの取材の打ち合わせ中に原田が倒れた。脳梗塞《のうこうそく》での緊急入院。三日後の六月二七日には帰らぬ人となってしまった。享年《きょうねん》六五歳だった。

昭和二八年に近畿大学に赴任後、魚一筋の人生を歩んだ原田。熊井は原田をひと言で表すと「仕事の虫」だったという。「身だしなみもあまり気にせず、自分の思ったことをダーッとする人でした」と回想する。魚に寄り添い研究を続けてきた原田が、打ち合わせ中に水槽の横で倒れたというのも、原田の人生を象徴しているかのように思える。

強まるクロマグロに対する規制

クロマグロの完全養殖達成の志半ばで逝《い》ってしまった原田のあとを受け、熊井が水産研究所の所長となりプロジェクトの指揮を執ることになった。クロマグロの完全養殖は、二〇年以上にわたって取り組んできた研究所の大目標だ。「なんとしてでも成功させて原田先生の墓前に報告しなくては」。研究所のメンバーはじめ、魚の飼育を担当する技術員たちも思いをひとつにした。

ときは折しも日本中がバブル景気に沸いていたころである。水産研究所では、マダイを中心とする種苗生産が軌道に乗り、平成に入ってからは年間一〇〇〇万尾以上のマダイ稚魚を生産。全国で養殖される稚魚の約三分の一を近大産が占めるまでになっていた。熊井は控え目にいう。

「うちは運がよかった。バブル景気がなければクロマグロの研究も続けられなかったかもしれません。また、私学だからこそ研究が続けられた側面もあります。国の研究なら三年、長くても五年程度で予算が尽きて終わりですが、うちは魚を売るという武器がありましたから。本当に運がよかった」

熊井のいうとおり好景気のタイミングは運かもしれない。しかし、魚を生産、販売し、研究費を稼ぐというシステムは、原田を中心に水産研究所が築き上げてきた武器で、運だけでは好景気の波にも乗れなかっただろう。熊井はこのマダイで稼いだ資金をすべてクロマグロにつぎ込み研究を継続させた。

そんな折、クロマグロに関する大きなニュースが流れてきた。産卵が途絶えて一〇年目の平成四（一九九二）年、京都で行われたワシントン条約の第八回条約締結国会議で、スウェーデンがクロマグロの天然資源が激減していることを理由に、大西洋クロマグロの国際取引を禁止する提案を行ったのだ。

大西洋、とくに地中海では、一九八〇年代から国旗を掲揚せずに国籍不明の状態で操業する密漁船が問題となっていた。大西洋のマグロ資源の管理にあたっている「大西洋まぐろ類保存国際委員会（ＩＣＣＡＴ）」により、一九七五年の漁獲水準を超えないように操業するという一応の規制はあったものの、密漁船は規制に関係なく操業する。七五年当時から漁獲実績のあった日本にとってはとくに厳しい規制ではなかったが、実績のなかった国ぐには密漁船を仕立てて違反を犯さないと操業できない状態だったのだ。

さらに日本の立場を厳しくしたのは、それらの密漁船が漁獲したクロマグロの多くが、商社を通じて最大の消費国である日本に輸出されていた点である。

日本の説得などもあり最終的にスウェーデンは、日本やＩＣＣＡＴが資源保護策を実施することを条件に提案を取り下げたが、日本におけるクロマグロに対する関心は一気に高まった。マスコミも「もうクロマグロは食べられなくなる」「クロマグロ絶滅の危機」などと事態を煽《あお》った。この一件は、クロマグロを完全養殖することの意義を、改めて熊井らに強く感じさせたのである。

「不可能を可能にするのが研究」

熊井が指揮を引き継いでからの平成四年も、平成五（一九九三）年も産卵は見られなかった。最後の産卵があってからすでに丸一一年の月日が流れていた。

熊井は研究所のトップとして、近畿大学二代目総長の世耕政隆《せこうまさたか》のもとを訪ねた。

「このままクロマグロの研究を続けていいものだろうか？」

指揮官として研究所のメンバーに弱音は吐けないが、莫大《ばくだい》な研究費や人件費をつぎ込みながら、一一年間も足踏みしている研究を続けていいものか、迷いが生じていたのである。

「もうやめろ」そんな答えも覚悟していた熊井に、世耕は迷いを見透かしたようにこういった。

「生き物というのは、そういうものですよ。簡単にいくはずがない。気を長くもって、長い目でやってください」

熊井はこの言葉を聞いて目が覚めたような気がした。原田の突然の死によって、研究所の所長に任命され、自分自身焦《あせ》りがあったのかもしれない。すっと気が楽になり、またやってやろうという気力が湧《わ》いてきた。そして、熊井は初代総長の世耕弘一の言葉を思い出していた。

「不可能を可能にするのが研究だろ」

熊井は二〇代のころ、世耕弘一から「昆布の養殖をやってみないか」といわれたことがあった。しかし熊井はすぐさま「昆布は北海道のものですから、暖かい海では無理でしょう」となにも調べもせずに即座に答え、昆布の研究を断った。

すると数週間後、世耕から新聞記事が送られてきた。見出しを見ると「兵庫県水産試験場が瀬戸内海で昆布の試験養殖を開始」とあった。熊井はすぐさま世耕に連絡を入れ、「生意気なことをいって申し訳ありませんでした」と謝ったのだが、そのときに世耕がいったのがこの言葉である。

熊井は以降、難問に当たるたびにこの言葉を思い出していた。しかし研究所所長という重責から、この精神を忘れかけていたのである。「そうだ、不可能はないんだ」。指揮官もふたたび目標に向かって邁進《まいしん》し始めた。

するとどうだろう、熊井の心の迷いが晴れたのをクロマグロたちが見ていたかのように、一二年ぶりの産卵が始まったのである。

待ちに待った産卵再開

一二年ぶりの産卵を開始したのは、体重四五～一四〇キログラム、全長は一〇七～一八八センチメートルまでになっていた七年魚たちだった。昭和六二（一九八七）年に捕獲した約三二〇〇尾の中から生き残った約二〇〇尾の群れが、平成六（一九九四）年七月三日自然産卵を開始した。この年は、八月一七日までの四六日間で約八四〇〇万粒を産卵。二六四万粒を孵化《ふか》水槽に収容し、孵化を待った。

孵化を委《ゆだ》ねられたのは、大島分室の岡田貴彦《ときひこ》や倉田道雄《みちお》だった。岡田は小さいころから家に熱帯魚の水槽があり、自然と魚好きの子どもに育っていた。一〇代のころ、原田が養殖に取り組む姿をテレビで見て、「こんな大学があるならここに行きたい」と迷いなく近畿大学農学部水産学科に進学した。そんな岡田の卒論テーマは、当初クロマグロの人工孵化になるはずだった。しかし、卒論に取り組んでいた昭和五三(一九七八)年には産卵がなく、やむなくテーマはウナギへと変更になった。翌年には、世界ではじめての養殖クロマグロからの自然産卵があり、一年後輩の卒論は自分のテーマになるはずだったクロマグロになった。今でもその後輩と親交が深い岡田はいう。

「当時は卒業してもみんなこの実験場を離れないんです。研修生や臨時職員として残り、好きな魚を触って、少しばかりの給料もらって、そういう生活が楽しくてたまらなかったんです。臨時職員や研修生で『臨研会』なんて会もつくりましてね。心意気として『わしらは魚飼いや』と誇りをもってよくいってました。今でも学者でもなければ、漁師でもない、民間の生産者でもない『魚飼い』だという思いは変わってません」

卒業して一五年。前回の産卵や孵化を間近で見ていた岡田は、その後原田や村田のもとで、世界初のクエの人工孵化による種苗生産の成功や、さまざまな魚種の孵化や稚魚の生産にかかわり技術を磨いてきた。岡田にとっても、待ちに待ったクロマグロの産卵だった。

岡田は一二年ぶりに見る孵化仔魚《しぎょ》をじっと見守った。「うまく育ってくれよ」。孵化仔魚を見つめる目は、まさに子を看《み》る親の眼差《まなざ》しだ。ところが、孵化数日後の朝、水槽を見ると水流に身を任せて水中を漂っていたはずの孵化仔魚が全滅していた。ほかの魚種でも、孵化直後に大量死する初期減耗の現象はあるが、あまりにも極端である。

よく観察してみると、水槽の底のほうに沈みそのまま死んでしまう沈降死と、浮かび上がって死んでしまう浮上死が起こっていた。岡田は、まず塩分濃度を上げ沈降死を防ぎ、水槽中央に気泡を発生させるエアレーターを置いて上下の水を循環させ、浮上死を防ぐ工夫をした。

次つぎと孵化する孵化仔魚を、この対応でなんとか生き延びさせ、またじっと見守る。最初の餌《えさ》として村田のときと同じようにシオミズツボワムシを与え、また見

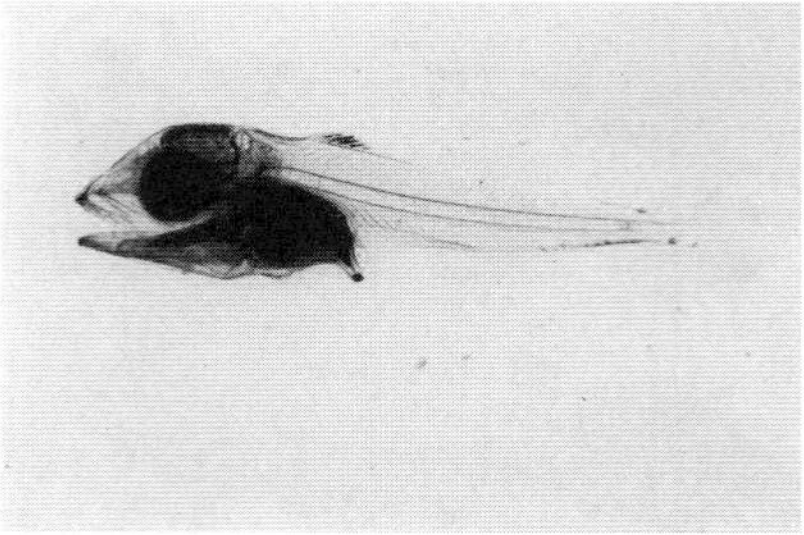

図4-4　孵化後10日目の仔魚
提供：近畿大学水産研究所

守る。少し成長すると今度はワムシより少し大きなプランクトンのアルテミアだ。仔魚たちは、孵化後一〇日目には全長六・五ミリメートルまでに成長していた（図４－４）。

次の餌はどうするか。以前、村田らの研究でクロマグロの孵化仔魚が、マダイなどほかの魚の孵化仔魚を食べることは確認されていたが、今回は予期せぬ産卵であったことから、餌用の孵化仔魚は用意していなかった。微小な甲殻類であるコペポーダを与えるも、食べてくれない。

「これは孵化仔魚をやるしかない。七月のこの時期なら養殖業者の生簀《いけす》のマダイがまだ産卵しているかもしれない」

岡田はすぐに地元の養殖業者に連絡をとり、まだ産卵しているかを確認した。すると業者は、まだ産卵しているという。さっそく孵化仔魚を分けてもらい、餌として与え、またじっと見守る。クロマグロの孵化仔魚たちは、旺盛《おうせい》な食欲で、マダイやイシダイの孵化仔魚を食べ、孵化後二〇日目には全長一三・七ミリメートルまでに成長していった。

前回の飼育時には、一〇日目を過ぎると死んでいく孵化仔魚も多かったが、低い次元ではあるが前回よりも生存率も高い。「最低でも前回の飼育記録の五七日は超えたい」。しかし、そんな岡田の気持ちを挫《くじ》くかのように、また新たな難問が起こるのである。

ようやくたどり着いた、はじめての沖出し

その後も相変わらず孵化仔魚たちは旺盛な食欲を示していた。ほかの魚の孵化仔魚と比べても成長が早く、岡田は栄養不足にならないよう餌もたっぷりと与えた。

孵化仔魚は孵化二〇日目くらいになると、各ひれが揃《そろ》い稚魚と呼ばれるようになる。稚魚への移行期にあたるのが孵化二〇日目ごろなのだ。

その、ちょうど孵化から二〇日目のこと。岡田がいつものように水槽を覗《のぞ》き込むと、成長の早い仔魚が、動きの遅い小さな仔魚を飲み込んでいた。目の前にいる仔

図4-5　共喰いの状況
提供：近畿大学水産研究所

魚に飛びつくように、共喰いが起こっていたのである（図4-5）。これまでに研究所で孵化、飼育の実績のあるマダイなどでも共喰いは見られたが、クロマグロの孵化仔魚の食欲は並外れている。「このまま放っておけば、成長の遅い仔魚は成長の早い仔魚に喰い尽くされてしまう」。そう直感した岡田は、仔魚の大きさごとに水槽を分ける決断をする。水槽の中には六〇〇〇尾の仔魚がいた。研究所総出での仕分け作業が始まった。

ヨコワを捕獲するときの苦労を思い出して欲しい。皮膚が弱く、網で擦れたり、手で触るだけでもすぐに死んでしまうヨコワの仔魚である。選別する方法は、一尾一尾を丁寧にビーカーなどで掬《すく》い上げるしかない。岡田らは、朝から晩まで数センチメートルの仔魚を掬い続けた。選別が終わったと思ったら、翌日にはまた成長に違いが出て、ふたたび選別しなくてはならない事態も起こった。結局、事務の職員まで動員し、研究所の手の空いているメンバー総出で、選別の作業は一週間続いた。

岡田らの苦労の甲斐《かい》あって、生き延びた稚魚たちは、全長五センチメートルまでに育った。餌も孵化仔魚よりさらに大きなイワシやイカナゴのシラスを細かく刻んだものを食べるまでになった。

いよいよ海面の生簀に移す「沖出し」の時期である。この沖出しした稚魚が順調に成魚にまで育ち、生簀で産卵してくれれば、完全養殖のサイクルが完成する。まだ経験していない段階に入る緊張感と、ようやく微《かす》かに見えてきた完全養殖のゴールへの期待感を胸に、一八七二尾の稚魚が六メートル四方の生簀に移された。

しかし、翌朝のこと。岡田は「生簀の稚魚が大量に死んでいる」と告げられ愕然《がくぜん》とした。

「やっと沖出しまでこぎつけた矢先だったのに……。昨日はしっかりと餌を食べる様子まで確認したのになにがあったんだ」

岡田が急いで生簀に行ってみると、大量の稚魚が生簀の底に沈み、重なり合うように死んでいた。死んだ稚魚を調べてみても理由はわからない。理由がわからなければ対処のしようもない。沖出しから一カ月後、沖出しした稚魚の減耗率は九七・七％。生き残っていたのはわずか四三尾だった。

突然の停電が問題解決の糸口に

沖出しのあとの大量死の原因はわからないままだったが、そのままにしておけば全滅してしまう可能性が高い。陸上の水槽で育てたことで、生育に必要な栄養素が欠けてしまったとも考えられたが、みすみすそのまま殺してしまうわけにはいかない。生き残った稚魚は注意深く大切に育てられた。一方白浜の研究室では、この大量死の原因究明が続けられた。

そんなある日、研究所で突然停電が起こった。研究所に入って二六年のベテランスタッフ、宮下盛《しげる》が、急いでブレーカーを上げると、魚が水槽の壁に体当たりする「バシッ、バシッ」という音が聞こえてきた。

クロマグロの稚魚が、突然点《つ》いた明かりに驚き、パニックを起こして水槽の壁にものすごい勢いで突進していたのだ。中には人の力でもなかなか破れない生簀を囲う工事用のシートに突っ込み、破れた箇所に絡《から》まり身動きがとれず死んでしまうものもいた（図4－6）。

宮下は、「もしかしたら大量死の原因はこのパニック現象ではないだろうか」と思った。そして沖出しした生簀をもう一度確認した。すると昼間には気付かなかったが、夜になると海岸沿いの県道を走る車のヘッドライトが生簀付近を照らしていた。クロマグロの稚魚は、このヘッドライトの灯りでパニックを起こし、生簀に突進し衝突死していたのである。

クロマグロの推進力はこのように、すさまじいものがある。第1章でも触れたとおり、水産研究所の調査では、成魚が時速八〇キロメートルで泳ぐことが確認されており、一説には一五〇キロメートル以上で泳ぐともいわれている。パニックを起こして衝突死したクロマグロを、レントゲンで確認すると、その衝撃で背骨を骨折している個体もあるほどだ（図4－7）。また、クロマグロは光の刺激とともに、雷などの大きな音や、暴風雨による水の濁りでもパニックを起こすことがわかっている。

図4-6　シートに突っ込んだ稚魚

提供：近畿大学水産研究所

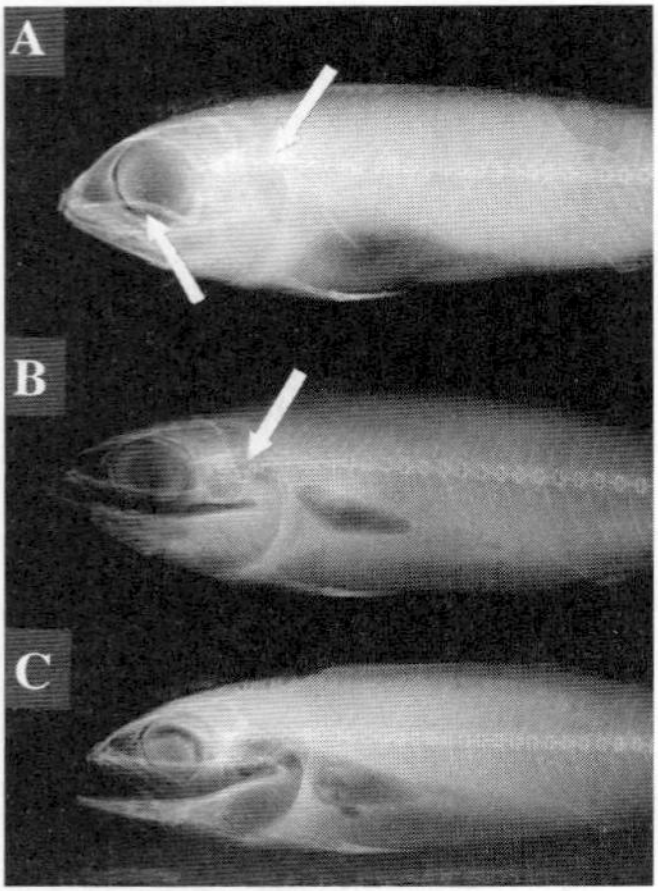

図4-7　骨折の状況
提供：近畿大学水産研究所

　このようなパニックによる衝突死は、今まで研究所で育ててきたほかの魚では見られないものだった。そこで宮下は、クロマグロの稚魚のひれの発育の様子に着目してみた。クロマグロの稚魚は、全長が五センチメートルを超えるころから、著しい体重増加が見られ、突進スピードがほかの魚種より数倍速くなる。衝突死の原因は、推進力を生み出すひれの発育にもあるのではないかと考えたのだ。

　そしてよく観察してみると、クロマグロはひれの発達段階で、先に推進力を生み出す尾びれがうちわ状に発達し、その後旋回にかかわる腹びれや、ブレーキの役割をする胸びれが時期をずらして発達することがわかった。このようなひれの発達の時間差は、マサバなどほかの魚では見られないクロマグロ特有のものだった（図4

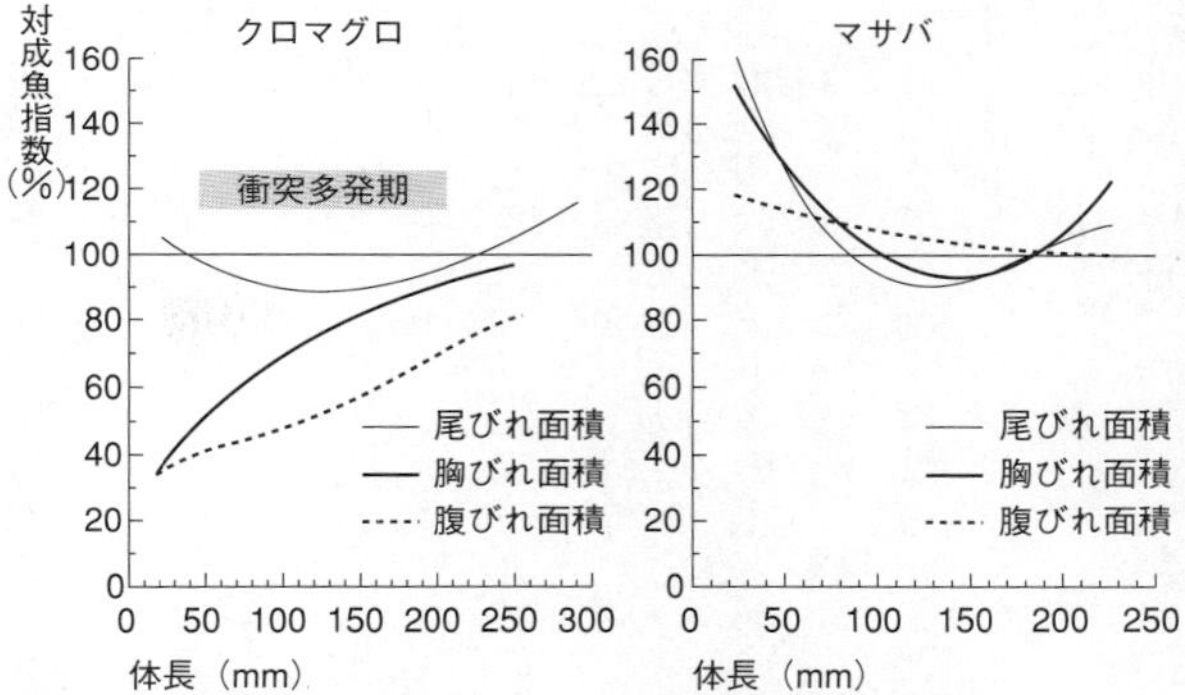

図4-8　体長に対する各ひれ面積比の対成魚指数変化　クロマグロは遊泳推進力と制御能のアンバランスな発達が顕著である

提供：近畿大学水産研究所

―8）。クロマグロは、体長が五センチメートルから二〇センチメートル程度にまで成長する稚魚から若魚に移行する段階で、推進力を生み出す尾びれの発達に、推進力を制御する腹びれや胸びれの発達が追いつかない時期があったのだ。今回はこの段階がちょうど沖出しの時期と重なり、沖出し翌日の大量死に繋《つな》がってしまったのである。

宮下らが衝突死の原因は突き止めたものの、平成六年に沖出しした稚魚たちで生き延びているものはほんのわずかだった。ついに孵化から二四六日目に最後の一尾が死亡。完全養殖への挑戦はまた翌年にもち越された。最後の一尾は、全長四二・八センチメートル、体重一三二七グラムだった。

一尾でも多くの成魚を育てるために

平成六年に産卵した一九八七年級群は、平成七（一九九五）年、平成八（一九九六）年、平成一〇（一九九八）年にも産卵を行った。

平成七年には、二二三万粒の卵が収容され、無事に約八〇〇〇尾が沖出しにまでこぎつけた。前年、沖出し翌日に大量死させてしまった経験を教訓に、なるべく衝突死による減耗を減らしたい。そこで宮下や岡田らは沖出しの生簀のサイズを、前年の一辺六メートルの正方形の生簀から、対辺一二メートルの正八角形の生簀へと大きくすることにした。パニックで稚魚が突進しても壁までに距離があれば、死にいたるまでの衝突は減らすことができるのではないかと考えたのだ、また、車のヘッドライトの影響が少なくなるよう、生簀の周囲を日除けなどに使う寒冷紗《かんれいしゃ》で囲むなどの工夫をしてみた。

沖出し翌日。昨年の悪夢のことが頭をよぎる。しかし、対策が功を奏して生存率は七・七％と大量死にはいたっていなかった。五日目の生存率も五二・一％と前年に比べ大幅に改善された。一カ月後でも沖出しした稚魚の約六分の一にあたる約一三〇〇尾が生き残り、秋には直径三〇メートルの生簀に移し替えるまでにいたった。

続く平成八年の産卵では、九五万粒の卵を収容し、約三八〇〇尾の沖出しに成功。一カ月後にも沖出しした稚魚の四分の一にあたる約一〇〇〇尾が生き残った。

沖出しの生簀サイズを対辺一二メートルの正八角形の生簀にすることで、平成七年、八年と二年連続で沖出し後の生存率を上げることに成功した宮下らは、平成一〇年の沖出しは、最初から直径三〇メートルの巨大生簀を使用することにした。その結果、この平成一〇年には約五五〇〇尾を沖出ししたうち、一カ月後でも約半数を生存させることができた。これらの稚魚たちは、二年後にも約四〇〇尾が生き残り、企業化レベルの生産に一歩近づく結果を得られるまでにいたったのである（図4－9）。

しかし、完全養殖への道のりは、まだまだ難題も多い。平成七年、八年には、沖

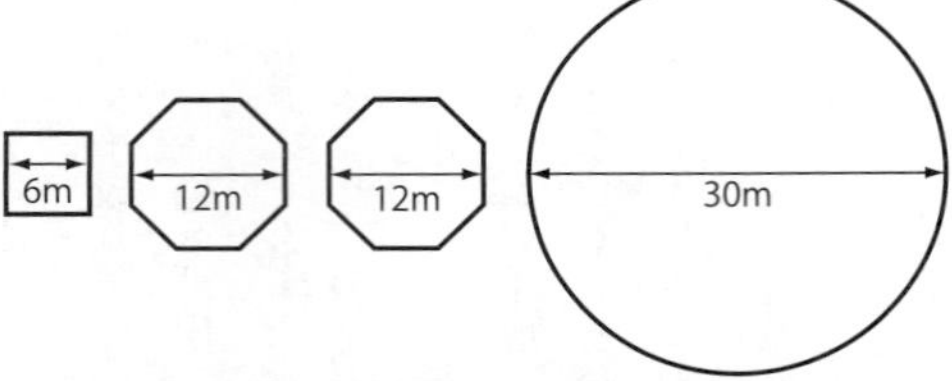

	平成6年	平成7年	平成8年	平成10年
収容卵数（万粒）	264	223	95	318
生残尾数（沖出し尾数）	1872	8071	3841	5476

図4-9　沖出し生簀サイズの推移と種苗生産結果

出し一カ月後の時点でそれぞれ一三〇〇尾、一〇〇〇尾と大量の稚魚が生き残ったように思えるが、これらが成魚となり卵を産むにいたるまでには、まだ五年ほどの時間が掛かる。昭和五四（一九七九）年に、はじめて養殖に成功したクロマグロが産卵したのは満五歳のとき。平成六年に一二年ぶりの産卵がみられたときに卵を産んだのは七年魚だ。

毎年紀伊半島を襲う台風は、時化《しけ》によって生簀網を破損させる危険があるだけでなく、大量の雨で海の塩分濃度を下げたり、海水を濁らせクロマグロのパニックを招く原因となる。また海水温や酸素濃度の異常な低下により、死んでしまう個体も多いのだ。

平成七年、八年の産卵から生き残った個体

も平成九（一九九七）年には、それぞれ一七尾と三五尾にまで減ってしまっていた。平成九年には産卵がなかったため、平成七年、八年に産まれた個体が減ってしまうと、また完全養殖達成は足踏みしてしまう。熊井はじめ、ここまでようやく漕《こ》ぎつけた研究所のメンバーは、台風がきたり、海水温が急激に変化するたびに生簀のクロマグロの生存を確認し、胸を撫《な》で下ろす数年を過ごすことになるのである。

第5章

三二年目の偉業

水産研究所では、立ちはだかる壁を乗り越え、沖出しにまで漕《こ》ぎつけ、さらにそこから産卵可能な成魚に育てるまでのノウハウを着実に蓄積してきた。ここまでの苦闘の日々が報われるとき、それはこの成魚たちが実際に産卵してくれる日である。

クロマグロ完全養殖の研究を始めてから、すでに三二年の年月が経過していた。「不可能を可能にするのが研究だ」。初代総長の言葉を思い出しながら、熊井《くまい》はその日が必ず訪れることを信じていた。そしてその日は確かに訪れたのである。

世界初の完全養殖

研究所の水槽で孵化《ふか》した人工稚魚が産卵可能な成魚になると、研究所のメンバーは、「今年こそは世界初の完全養殖が達成できるのでは」という期待を胸に産卵期の夏を待ちわびていた。しかし、平成七（一九九五）年に産まれた九五年級群が五歳を迎えた平成一二（二〇〇〇）年、そんなメンバーの期待とは裏腹に、産卵の兆候は見られなかった。翌平成一三（二〇〇一）年にも産卵はなく、七歳となった平成一四（二〇〇二）年には、台風などの影響で九五年級群は六尾にまで数を減らしていた。ただ、魚体はすでに一一〇〜一五〇キログラムまで成長しており、いつ産卵が始まってもおかしくない状態にはなっていた。

熊井らは、あまりにも数が減ってしまったために、雌雄どちらかに偏《かたよ》ってしまっているのではないかとの疑念をもち始めた。

「平成八年に産まれた九六年級群も七〇〜一二〇キログラムにまで成長し、一四尾が生き残っている。二年分を一緒にして産卵期を待とう」

そう判断した熊井らは、九五、九六年級群を同じ生簀《いけす》に入れて二〇尾の群れとし、注夏を待った。平成一四年六月、雄が雌を追う追尾行動が観察されるようになり、注意深く生簀の観察が続けられた。そして――。

六月二三日。五〇〇〇粒と少量ではあったが産卵を確認。ついに世界初の完全養殖が達成された。

近畿大学水産研究所がクロマグロの研究に取り組み始めて三二年、熊井が水産研究所に入ってから四四年。魚飼いたちの力を結集した結果として、世界初のクロマグロ完全養殖が達成されたのだ。

完全養殖達成の当日、熊井は大阪に出張中で、携帯電話でこの年大島分室に着任した現大島実験場長の澤田《さわだ》好史《よしふみ》教授から一報を受けた。そのときの様子を熊井はこう振り返る。

「『産みました』と第一声を聞いてもね、隣の生簀のマダイの卵が流れてきたんじゃないかとか、そんなことばっかり頭をよぎるんですよ。あとから本当の嬉《うれ》しさがこみ上げてきました」

完全養殖が達成された六月二三日の産卵は、五〇〇〇粒と少量であったが、続く六月二七日の二回目の産卵では四七万粒を採卵。この年は、最終的に八月五日までの四四日間に一三回の産卵が確認され、合計約二〇〇万粒の受精卵が人工親魚から採取された。

七月五日、近畿大学水産研究所大島実験場では、熊井、村田、宮下、岡田と澤田の五名が記者会見に臨んだ（図5－1）。会場では全長五～六ミリメートルに成長

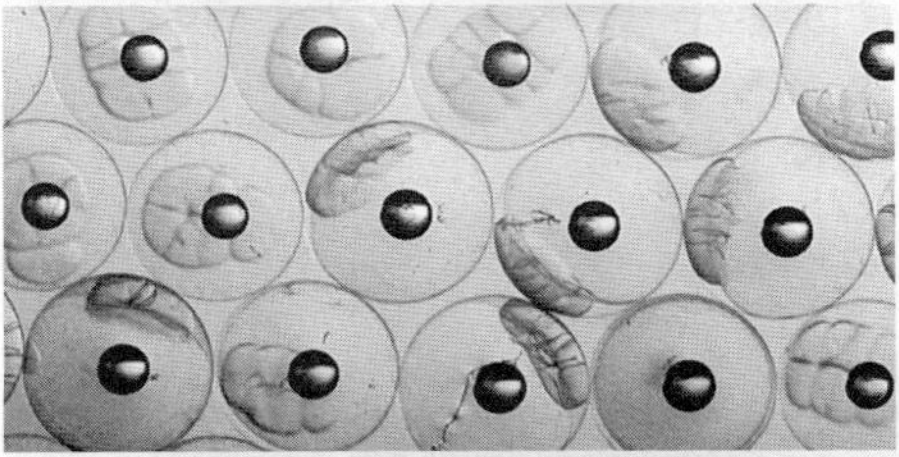
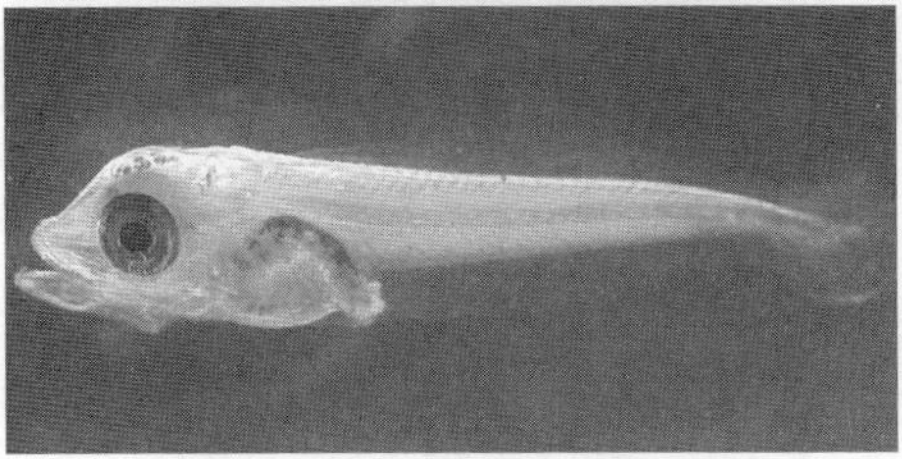

図5-1　記者会見の様子（上）
左から岡田、宮下、熊井、村田、澤田。
図5-2　採卵された受精卵（中央）
図5-3　完全養殖による孵化仔魚（下）
提供：近畿大学水産研究所

した、孵化一〇日前後の孵化仔魚《しぎょ》も報道陣に公開され注目を集めた（図5－2、3）。その席上、熊井は成功の意義とともにこう述べた。

「長いあいだの苦労がやっと報われた思いです。研究に携わった関係者全員のチームワークの成果です」

思い出してほしい。熊井が水産研究所に赴任したとき、研究所は原田のほか数名の態勢だった。その後成果を出し続けたことによって、完全養殖達成時には実験場や種苗センターを含め、県内外八カ所の施設に一七〇名のスタッフを抱えるまでになっていた。熊井は成果の報告とともに、研究所のメンバーをねぎらうことも忘れなかった。

世界的研究拠点として

平成一四年という年は、クロマグロの完全養殖達成と同時に、近畿大学水産研究所にとってもうひとつ大きな喜びがあった。翌平成一五（二〇〇三）年度の文部科学省「21世紀COEプログラム」（COE＝センター・オブ・エクセレント）の

「学際・複合・新領域分野」で「クロマグロ等の魚類養殖産業支援型研究拠点」として近畿大学水産研究所や大学院が、水産分野としては唯一《ゆいいつ》選定されることが決まったのだ。

21世紀ＣＯＥプログラムとは、平成一四年から始まった日本の大学を世界的研究拠点にするための文部科学省の重点施策である。人文科学から生命科学、学際・複合・新領域までの五分野において、優れた成果をあげ将来の発展が見込める研究について、五年間にわたって重点的に支援しようという試みだ。

初年度は全国の一六三大学から四六四件の申請があり、五〇大学一一三件が選定された。近畿大学水産研究所が選ばれた二年目は、さらに狭き門となり二二五大学、六一一件の申請があり、五六大学、一三三件が選定されている。近畿大学は、初年度にも生命科学分野で同大学大学院生物理工学研究科生物工学専攻が「食資源動物分子工学」の研究拠点として選定されており、二年連続しての選定となった。私立大学で二年連続の選定は、全国でも五大学のみであることを考えると、近畿大学の研究の独創性が窺《うかが》える。

21世紀COEプログラムでは、研究拠点としての組織が熊井を拠点リーダーとして、「種苗生産・養殖」「環境保全・資源動態」「飼料・食品安全性・加工」「流通・経済」の四つの事業推進グループと、「クロマグロ養殖マニュアル開発プロジェクト」「環境保全型生産技術開発プロジェクト」の二つのグループ横断プロジェクトによって構成されている。

生産から流通までを「水産」を専門とするメンバーで研究することは、一見専門外の分野まで手を広げているようにも思えるが、熊井は「水産という言葉には『生産、産業』という意味も含まれてるんです」と力を込めていう。

COEプログラムの目標として、研究水準の向上だけでなく、産業支援型の実践モデルとして世界最高水準の研究拠点を目指すことが掲げられたが、これはまさに水産研究所が行ってきた産業化を見据えた「実学」の思想である。熊井はこう言葉をつないだ。

「全国で水産実験場は二〇カ所ほどあると思いますが、産業規模で実際の生産を行っているのは近畿大学以外にありません。世界に誇るべき近畿大学の宝です」

平成一九（二〇〇七）年度をもって、水産研究所の21世紀COEプログラムの五年間の期限は終了となったが、同年には、21世紀COEプログラムを引き継ぐ形で、世界をリードする創造的な人材育成を図るため、国際的に卓越した教育研究拠点の形成を重点的に支援する「グローバルCOE」という制度が始まった。平成二〇（二〇〇八）年度には「クロマグロ等の養殖科学の国際教育研究拠点」として、近畿大学水産研究所や大学院が選定されている。同年夏には、特別研究員の公募も始まっており、即戦力の若手研究者の育成に期待が掛けられているところである。

はじめての出荷と市場での評価

完全養殖を達成した平成一四年に採取された受精卵は、一三四万粒が種苗生産用として陸上水槽で人工孵化され、過去最高となる一万七三〇七尾の稚魚が沖出しされた。この稚魚は、二年後の平成一六（二〇〇四）年八月末には、九三九尾が体重一六～三〇キログラム、全長九〇～一一五センチメートルにまで成長し、完全養殖クロマグロとしては世界ではじめての出荷が行われた。

クロマグロは、大きいものでは五〇〇キログラム程度にまで成長することが知ら

図5-4　研究所で養殖した最大のクロマグロと熊井
提供：近畿大学水産研究所

れており、実際水産研究所においても、昭和四九（一九七四）年から一五年間飼い続けたクロマグロが全長二八七・二センチメートル、体重四〇三・九キログラムにまで成長した記録もある（図5－4）。もっと大きく成長してから出荷したほうが、高値で取引されるように思われるかもしれないが、実際には三〇キログラム程度まで成長すれば、それ以上魚体が大きくなっても、キロあたりの単価はあまり変わらない。大きくするための餌代《えさ》や、生簀の効率、台風などによる減耗のリスクを考えれば、三〇キログラム程度で出荷するのが産業としては理に適《かな》っているのである。

九月三日には、初出荷を記念して卸売市場や量販店、漁業関係者など七〇名を集め、世界初の完全養殖クロマグロの試食会も行われた。

完全養殖達成の記者会見で、熊井は「自分の娘を嫁に出すような気持ちです。市場でどんな評価が得られるのか期待と不安が入り混じっています」と話したが、それも杞憂《きゆう》に終わった。

完全養殖クロマグロは解体してみると、赤身が一〇％、大トロ三〇％、中トロ六〇％と天然クロマグロに比べてトロの比率が高く、味についても「天然ものに比べてもまったく遜色《そんしょく》がない」「脂《あぶら》がのっていてうまい」と集まった招待者の評判も上々だったからだ。

初出荷では、三尾が大阪や奈良の百貨店に出荷されたが、中トロで一〇〇グラム一〇〇〇円程度と、天然ものの市場価格よりも五割程度安い価格での販売となり、実際の消費者からも高級マグロが手軽に買え、本物の味として好評を得ることができた。

クロマグロの安全性

近年、消費者の食の安全性に対する関心が高まり、市場で受け入れられるためにはこの食の安全性が必要不可欠な要素となっている。

マグロ類に関して注目される動向としては、平成一七（二〇〇五）年、厚生労働省が示す「妊婦への魚介類の摂食と水銀に関する注意事項」の中に、クロマグロ、ミナミマグロ、メバチの三種のマグロが新たに加わった。具体的には、一回の摂取量を約八〇グラムとして妊婦は週に一回までという数字が示されている。

新たに加わった理由としては、食品安全委員会の食品健康影響評価において、従来の水銀の耐容量であった三・四マイクログラム／キログラム体重／週が、二・〇マイクログラム／キログラム体重／週に引き下げられたことや、国民栄養調査のくわしい解析から、マグロを使った寿司《すし》や鉄火丼《てっかどん》を食べる場合、一般の魚よりも一回あたりに摂取する量が多いことが明らかになったことがあげられる。こうした社会的な動向から、今後完全養殖クロマグロの産業化の過程でも、安全性は重要なポイントとなることは間違いない。このマグロの魚肉に含まれる水銀問題においても、完全養殖のクロマグロは天然ものより優位であるという結果が出ている。

もともと水銀は海底の地殻から海中に出ているとされており、これがプランクトンなど小型生物に吸収され、食物連鎖によって大型の生物に蓄積される。クロマグロは魚類の中でも食物連鎖の最上位にあり、天然のクロマグロは外洋において同じく食物連鎖の上位にあるカツオなども摂《と》るといわれている。

水銀は食物連鎖の上位の魚ほど生物濃縮により含有率が高くなるので、当然餌としてイワシやイカなど食物連鎖の中位に位置する魚などを摂る養殖もののクロマグロより、カツオなどを摂る天然もののクロマグロのほうが水銀含有量は高くなるはずである。このことは水産研究所の実際のデータでも証明されており、串本《くしもと》で完全養殖されたクロマグロは天然ものに比べ、総水銀濃度が低いだけでなく、体重が増えても水銀濃度が上がらない結果が得られている（図５－５）。

完全養殖クロマグロの安全性に関連して、病気のことにも触れておこう。幸いな

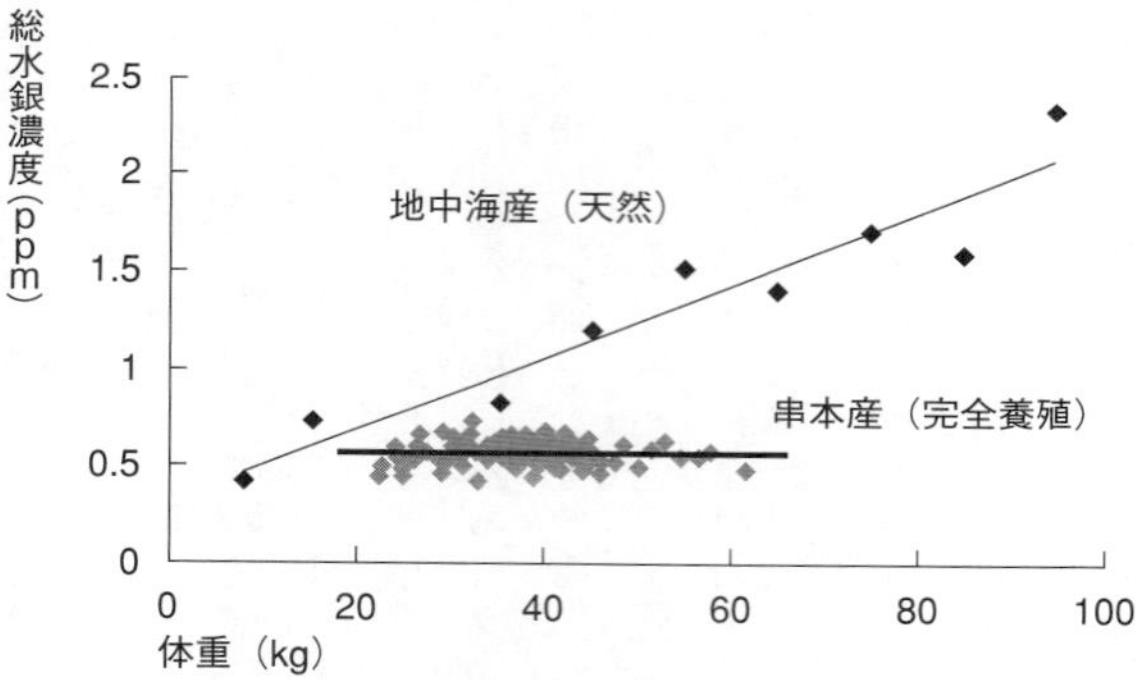

図5-5　体重と水銀濃度の関係
提供：近畿大学水産研究所

ことに、成魚のクロマグロは病気らしい病気にかかることがないという。そのため、ワクチンなどの薬品を投与する必要がまずない。唯一クロマグロが病気にかかる可能性があるのは稚魚のときで、「イリドウイルス」が原因となる。これはもともと日本にはなかったもので、予防するにはワクチンを一尾ずつ注射しなければならない。病気が発生すればほかの魚にもうつることになるので、感染対策が必要になるのである。

　これまでのところ、水産研究所のクロマグロでこのような処置を施したことは、幸いにもまだない。この要因として、収容密度を低くすることで、病気の蔓延《まんえん》を抑えているということがあげられると熊井はいう。

第4章でも見たとおり、クロマグロは成長に応じて、ワムシやプランクトン、マダイやイシダイの孵化仔魚《しぎょ》などが餌となる。これらの餌以外に与えるものとして、抗生物質があるがこれは稚魚のときのみであり成魚に与えることはない。

さらに、食の安全性に関してはトレーサビリティ（流通履歴の確認、追跡可能性）にも消費者の関心が集まっているところであるが、完全養殖の場合、その出生から成魚となり出荷にいたるまでの履歴が明確であることも、安心・安全の大きなプラス材料となる。トレーサビリティを明確にし、産地偽装を防ぐため、カニに独自のタグをつけるなどの工夫をしている産地もあるが、現在近大では出荷する完全養殖クロマグロに必ず「卒業証書」を貼《は》り付けている。卒業証書には

あなたは近畿大学水産研究所の養殖課程を優秀な成績で卒業されお客様にご満足いただけるよう立派に成長したことをここに証します。

と洒落《しゃれ》っ気たっぷりに書かれており（図5－6）、この卒業証書にはQRコードも

図5-6　卒業証書
提供：近畿大学水産研究所

付けられている。このＱＲコードからインターネットにアクセスすれば「商品履歴書」を確認することが可能である。商品履歴書には「生産者」「親魚履歴」「稚魚飼育履歴」「養殖履歴」が記され、栄養剤や投薬の履歴のほか、飼育飼料の購入先、さらには漁網防汚剤の成分も確認できるようになっている。これはトレーサビリティとともに、「近大マグロ」のブランディングの一助にもなっている。

魚で起業する――養殖のノウハウの販売も視野に

近畿大学水産研究所では「産業化」をキーワードにさまざまな魚種の完全養殖に取り組んできたが、その研究の川下にある「消費者に届ける」流通の部分でも新しい動きがあった。

平成一五年、水産研究所や水産養殖種苗センターで生産した稚魚や成魚を販売する「株式会社アーマリン近大」が、世耕弘昭近畿大学理事長（当時）の発案で設立され、初代社長に熊井が就いた。

第２章でも紹介したとおり、水産研究所では、昭和三〇年代からハマチの養殖に取り組み、育てた魚を卸売り市場に販売することで研究費を稼ぐ自給自足の体制をとってきた。しかし一部から「そんなものは学問や研究ではない。単なる技術だ」「大学は漁業者の商売の邪魔をする気か」などという批判があったのも事実である。

ところが、そのような批判も、世界初の完全養殖の連発や、学会での各賞の受賞、種苗センターで生産された稚魚が養殖業者によって育てられ、市場に出回るように

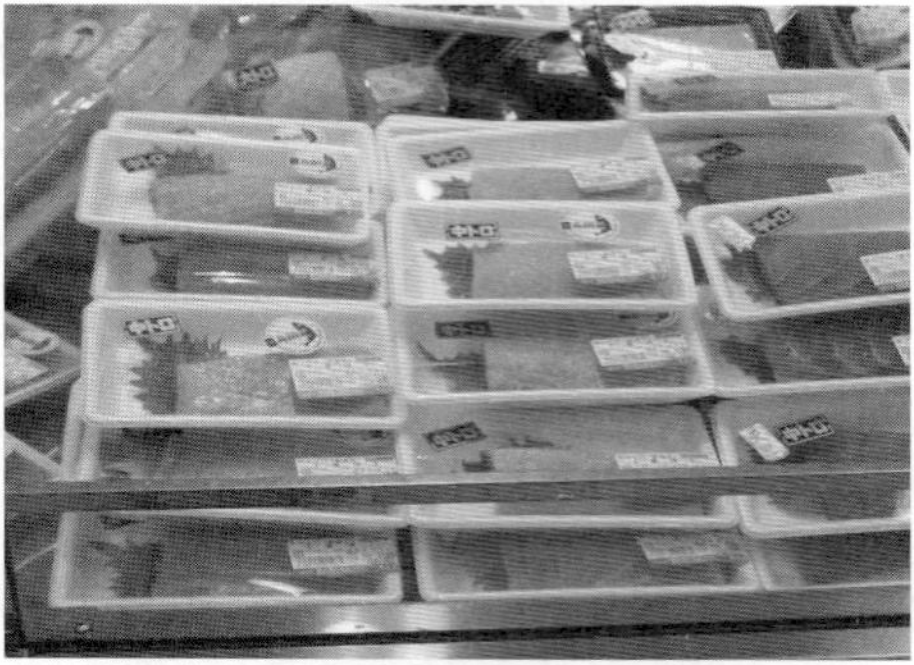

図5-7　アーマリン近大のロゴが貼られて市販されている近大マグロ

なったことなどにより、次第に少なくはなってきた。ただ、アーマリン近大設立以前は、大学として積極的に魚の営業をするまでにはいたっていなかった。そこで、販売会社を設立することにより、営業にも力を入れ、近大ブランドの安全、安心な魚を広く一般の消費者にも広めていこうというわけである（図５－７）。

魚を販売するという部分においては、従来水産研究所が行ってきたことと、アーマリン近大の事業内容に大きな相違はないものの、アーマリン近大の設立には時代の流れという側面が大きく影響しているといえるだろう。

ひとつには、大学の研究成果を実社会と

結びつける産学連携事業や、大学発のベンチャービジネスが盛んになってきたことがあげられる。大学発ベンチャーは、大学に眠っている有用な技術を活用できるだけでなく、大学のブランディングに大いに貢献している例も多い。また、アーマリン近大が設立されたときには、すでに平成一六年から国立大学が独立行政法人化されることが決まっており、国立大学だけでなく私立大学においても、大学運営において経営の健全化や透明性が求められるようになっていたという背景もある。

さらに、平成一五年から中小企業挑戦支援法の特例措置で、いわゆる「一円起業」が可能になった（その後、平成一八年の新会社法施行で最低資本金制度は廃止）。このことで、株式会社が立ち上げやすくなったことも、アーマリン近大設立の決め手となった。実際にアーマリン近大も五万円の資本金でスタートし、平成二五年現在、五二五〇万に増資されている。

実際に会社を設立したことで、消費者や小売店からの反響や要望も把握できるようになり、市場がどのような商品を求めているかという声を、生産にフィードバックできるメリットも出てきているという。また、水産研究所で世界初の完全養殖を達成した高級魚のクエを、鍋《なべ》セットにして販売するなど、生産した魚をより手軽に一般消費者に届けることもできるようになった。

提供するのは魚だけではない。研究所で培《つちか》った養殖のノウハウを、海外も含めて広く販売する事業も今後積極的に行っていくということである。水産研究所で開発された、生簀《いけす》式の養殖が現在の養殖の主流になっていることを考えれば、近大においては、養殖のノウハウの販売に近いことを、何十年も先駆けてやってきていたともいえるであろう。アーマリン近大という株式会社を設立したことで、水産研究所がキーワードにしてきた「産業化」の取り組みが、より具体的に示せるようになったのである。

ちなみに社名の「アーマリン」は、アルファベットの「A＝アー」と「マリン＝海」を合わせた造語で、水産業界をリードしていく決意と、安全・安心を表している。これは世耕弘昭理事長の命名である。

第6章

完全養殖のめざすもの

三二年の歳月をかけて世界初のクロマグロの完全養殖が達成されたとはいえ、生産技術を確立し産業化へと結びつけるには、まだまだ問題点は多い。完全養殖を達成した今、次なる目標として近畿大学水産研究所は、安定的な種苗生産技術の確立をあげている。しかしそのためには、さらにさまざまな課題の解決が不可欠である。

そこで本章では、クロマグロの完全養殖を達成したからこそ見えてきた、今後の展望と課題をまとめておくことにしよう。

水産研究所では、クロマグロの種苗生産の四大課題として、次の項目をいかに克服するかをあげている。

①　採卵（不安定な産卵）
②　初期減耗（浮上死と沈降死）
③　稚魚期の減耗（共喰い）

④　稚魚～若魚期の減耗（衝突死の多発）

安定した産卵の確保

熊井は完全養殖達成までで一番苦しかった時期として、一一年ものあいだ産卵がなかったことをあげている。当然のことであるが、産卵は安定した種苗生産に欠かせない。一一年の空白のあと、産卵は再開されたものの、なぜ産卵をしなかったのか、その原因究明にはいたっていなかった。しかし、その後次第に明らかになってきた事実もある。

第4章で見たとおり、原田は亡《な》くなる前年の平成二（一九九〇）年に、串本で産卵がないのは水温のせいではないかとの思いから、奄美《あまみ》大島に実験場建設の視察に出かけた。さらに翌年には現地説明会を開くなど、着々と事業所開設の段取りを進めていた。これが実を結び始めているのである。

水産研究所では、平成一〇（一九九八）年から奄美大島の瀬戸内町の海面で天然ヨコワの活《い》け込みを開始し、平成一三（二〇〇一）年には奄美実験場を開設した。

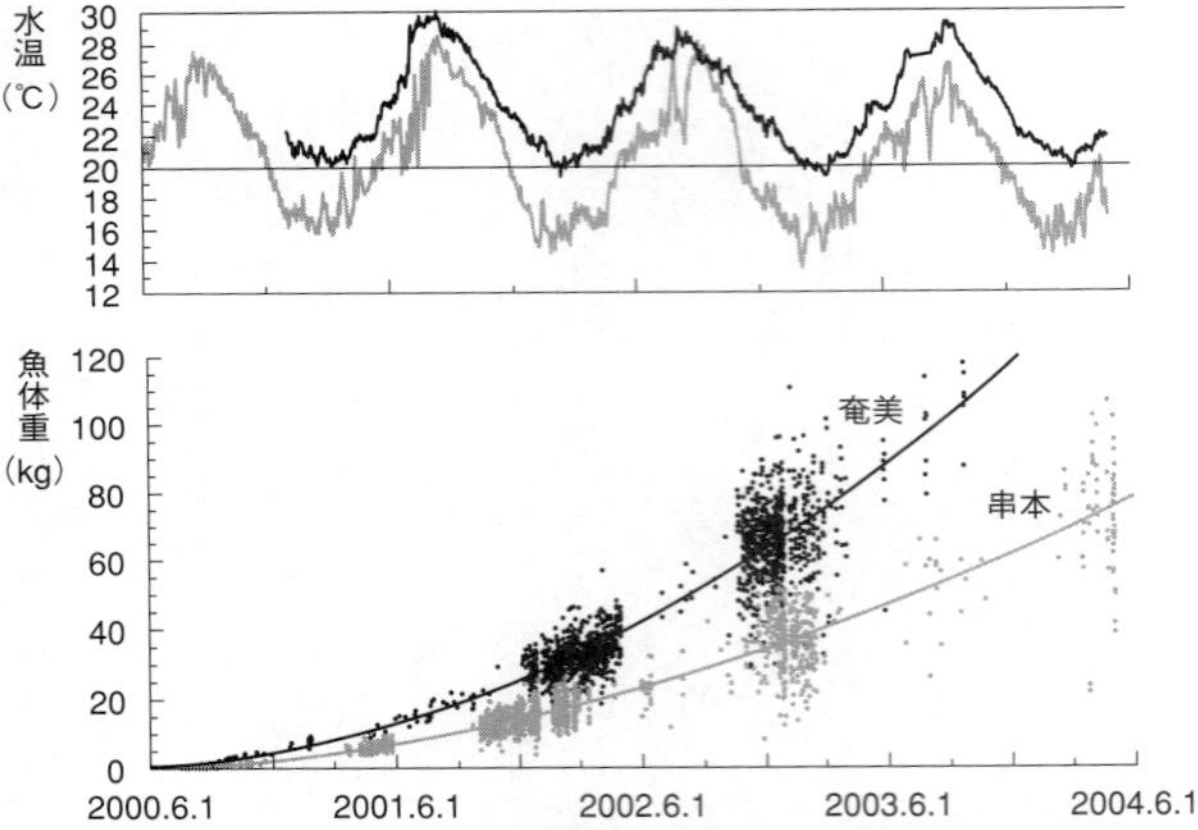

図6-1　奄美および串本の漁場水温（上）と2000年産クロマグロの成長（下）

提供：近畿大学水産研究所

以来、カンパチ、シマアジ、クエなどの養殖とともにクロマグロの研究にも取り組んでいる。串本ではクロマグロの産卵が途切れる年もあるが、平成一五（二〇〇三）年以降、奄美大島では毎年途切れずに産卵が続いている。

産卵の有無の原因として考えられる水温を、奄美大島と串本で比較すると、奄美大島は年間を通して二〇度を下回ることはほとんどない。一方、串本では冬場には一五度程度まで下がることはわかっていたが、さらに日中の水温変化も調べてみたところ、一日の中で幾度も海水温が上下していることもわかってきた。従来は一日二回の定時観測しか行われていなかったため、日中の細かな変化までわからなかったのである。現在のところ、これらの要因とともに産卵期前の春から夏にかけての水温の変化が、一一年間の空白を生んだのではないかと推測されている。

また、水温の差は成長の差としてもはっきりと表れている。成長にともなう体重の変化を奄美大島と串本で比較すると、奄美大島のほうが串本に比べて一・五倍〜二倍近く成長が早く、奄美大島では約二年で出荷サイズの三〇キログラムにまで達するという結果が出ている（図6－1）。産業化に向けて、海水温は欠かせない条件のひとつといえるだろう。

衝突死やパニック行動を抑える技術・

孵化《ふか》後の減耗についても、いくつかの知見がCOEプログラムの研究の中で積み重ねられている。

当初衝突死の原因として、第4章で触れたとおり、稚魚期にいたる過程で推進力の源となる尾びれの発達が、ブレーキの役割をする胸びれや、舵《かじ》の役割をする腹びれの発達よりも早いことが解明された。これに加え、衝突死の起こる時間帯として、夕方以降の暗くなってからや、明け方に多発していることがわかってきた。

そこで視覚と明暗周期、照度に注目したところ、クロマグロは一定以上の明るさで、物や仲間を認識することが明らかになった。これを受けて、どれくらいの明るさを保てば、衝突死やパニック行動などを減らすことができるのかの実験がくり返されたのである。

その結果、以下の点が判明してきた。

① マグロは暗条件または明暗周期の切り替えによって、パニック行動や衝突死を起こしやすいこと
② 二四時間ずっと明るい条件をつくることで、衝突死の発生を軽減できること
③ 二四時間のあいだずっと明るい条件であっても、その照度が一五〇ルクス以上ないと衝突死の軽減効果を十分に発揮できないこと

年度	収容卵数（万粒）	沖出し尾数	沖出しまでの生存率（%）
平成6	264	1,872	0.07
7	223	8,071	0.36
8	95	3,841	0.40
10	318	5,476	0.17
13	210	3,883	0.18
14	134	17,307	1.29
15	120	37,710	3.10
16	75	21,400	2.85
17	43.2	19,088	4.42
18	110	19,497	1.77
19	86	約50,000	約5.80

表6-1　平成６年以後の人工孵化の成績

要するに人工的に二四時間一五〇ルクス以上の明るさを確保すれば、パニックや衝突死が減らせるのである。

この知見は、平成一七（二〇〇五）年に「照度制御によるマグロの異常行動防止方法」として近畿大学農学部水産学科准《じゅん》教授（当時）の石橋泰典《やすのり》はじめ、宮下、岡田ら五名の連名で特許出願が行われ、翌年公開されている。

また視覚については、稚魚を運搬する際の水槽の壁にストライプ状の模様を入れることで、壁を認識させて衝突を防ぐ方法も開発されている。これは鹿児島県の養殖業者による、獲《と》ってきた天然のヨコワを新しい網の生簀に入れると衝突死が多発するのに対し、一週間程度生簀網を海に先に沈めておき、海草などがある程度付着してからヨコワを入れると衝突死が減るという報告や、水産研究所でも生簀網を掃除したあとに衝突死が増えるという事態が発生したことから工夫が重ねられた。

きれいな網における衝突死は、網の先が透けて見えてしまうために衝突するのか、網目をくぐり抜けてくる小魚を追いかけて衝突するのかはまだわかっておらず、今後さらなる研究の必要がある。

これらの新たな知見のほかにも、飼料を改善するなどして孵化から沖出しにいたるまでの生存率は、平成一九（二〇〇七）年時点で約五・八％にまで改善された。はじめて沖出しに成功した平成六（一九九四）年には、沖出しまでの生存率が収容した卵の数に対して〇・〇七％であったことを考えると、八三倍にもなっており、かなりの前進といっていいだろう（表6－1）。

「家魚化」に向けて

今後の目標について熊井は、安定的な種苗生産の実現にからめて「家魚化することもひとつの目標」と話した。

「家魚」とは、陸上で飼育される家畜に対して、海で魚を飼育することを表す造語である。家畜はその長い歴史の中で、人間が飼いやすいように、またより付加価値が高くなるように品種を改良されてきているが、魚についても同様に改良していく必要があるというのだ。家魚化こそが、水産研究所の設立趣旨にある「海を耕す」ということの具体化といえるだろう。

ひとつ面白い例がある。

昭和四八(一九七三)年に水産研究所では、シマアジの完全養殖に成功している。熊井によればシマアジは、昭和三〇年代には東京でキロあたり四五〇〇円で取引されるほどの高級魚で、稚魚は浜値で一尾一〇〇〇円以上の値がついていたという。串本沿岸でも漁獲されており、研究材料として収益性も十分見込めて面白いというので研究所で取り組み始めた。ところが、研究を始めてみると、シマアジは皮膚が非常に弱いことがわかってきた。

漁獲の際、網にすれたり、手で触ったりした部分がただれたようになり、数日で死んでしまうのに悩まされたという。ところが苦労の末に完全養殖に成功し、人工孵化で何代か世代を重ねると、少々手で触っても死なないくらいに皮膚が強くなってきたのである。これはまさに「家魚化」を地でいく例である。

クロマグロの研究を開始したときにも、天然のヨコワを捕獲するのに、その皮膚の弱さが熊井らを悩ませた。しかし、世代を重ねることによって、ヨコワもシマアジのように扱いやすくなることが今後期待される。

成長を早めるための「選抜育種」

産業化にあたって魚の成長が早いほうが有利なことは当然であるが、これについても意図的に成長の早い個体や形質の優れた個体を次世代の親魚として残す「選抜育種」が行われている。選抜育種は品種改良の方法として古くから行われており、水産研究所が全国の養殖業者に出荷するマダイなどでも、成長の早い個体を何世代にもわたって選抜することで天然よりもはるかに早く成長する品種をつくり出している。

クロマグロについては、完全養殖達成の際に産まれた人工孵化第二世代が親魚となり、平成一九年六月二九日から七月二七日にかけて、のべ六日間の産卵があり、世代としては平成二〇年時点で人工孵化第三世代まで進んでいる（図6－2）。

　この第三世代は、完全養殖が達成された平成一四年生まれの第二世代が五歳の時点で産卵しており、第一世代よりも、産卵開始年齢が一～二年早くなっている。今後、世代を重ねる中で、成長速度を早めるとともに、人工飼料などの開発を急ぎ、消費者の好みに合った肉質への改善や、病気に強い品種をつくっていくことも課題となる。

図6-2　人工孵化第三世代の稚魚
提供：近畿大学水産研究所

　また、熊井はブリとヒラマサを掛け合わせて「ブリヒラ」をつくり出したように、クロマグロについても異なった種類の魚と掛け合わせることで、新たな品種をつくり出す「人工交雑」も将来的には視野に入れているという。水産研究所で現在までに数かずの交雑種が生産されてきたことを考えれば、自然な流れといっていいだろう。

　ちなみに、従来クロマグロの産卵は五歳以上で確認されていたが、独立行政法人水産総合研究センターと水産庁が共同研究を進めていた奄美大島の奄美栽培漁業センター（現在は水産総合研究センターの西海区水産研究所として統合）で、平成一九年六月に三歳のクロマグロからの産卵が確認されている。

同センターでは、一歳魚で約五～一〇キログラム、三歳魚で約一〇〇キログラム、五歳魚で約一五〇キログラム程度にまで成長するという。これは天然魚よりもかなり早い成長を示しており、三歳魚の産卵については奄美大島の養殖環境における成長の早さと、二三〇尾という過去の事例に比べて数倍の尾数を育成していたことなどをその要因として推測している。今後、クロマグロの種苗生産の産業化が実現する際には、三年サイクルでの継代が常識になっているかもしれない。

人工飼料開発の必要性

飼料については、COEプログラムの中で、事業推進グループ（熊井のゼミ出身の滝井健二教授ら）のひとつとして「飼料・食品安全性・加工」として取り組まれ、人工飼料開発も進んでいる。

人工飼料開発の必要性については、将来的に消費者の好みに合った肉質の開発などが期待されることを先述したが、それ以外にもさまざまなメリットがあげられる。たとえば生餌《いきえ》の場合、その七五％程度が水分で構成されており、固形分は二五％程度に過ぎない。そのため扱う量が増えるだけでなく、生鮮物だけに冷蔵や冷凍設備も必要になる。また、与える魚の大きさに合わせてカットするなど給餌《きゅうじ》に際して加工が必要になる場合もあり、労働力が必要になる。その点、人工飼料だと省力化が図れるのである。また、配合飼料の場合、魚の成長に必要な栄養素をタイミングよく与えることができるため、より成長を早くすることが期待できる。

このようなメリット以外にも、養殖業界で人工配合飼料の使用が促進された歴史的背景もある。生餌が主流だった昭和三〇～四〇年代には、生餌から出る血液などのドリップや、魚が食べ残す餌《えさ》が、養殖場の富栄養化を招き、赤潮などが発生し問題化した経緯がある。生餌の場合、ミンチに加工して給餌した場合には六割程度、そのままの形で給餌した場合でも三～四割程度は食べ残しとなり、海底に沈む。この沈んだ餌は、やがて好気性のバクテリアによって分解される。この好気性のバクテリアが有機分を分解する際、酸素を要求するので海中で酸欠が起こり、このあとに繁殖する嫌気性の硫黄バクテリアなどが、俗にいう死の海にしてしまうのだ。

昭和五〇年代ごろから、人工配合飼料の開発が進み、当初は生餌に配合飼料の粉を練りこむ形で使用が進み、現在では固形タイプの配合飼料が主流となっている。こういった人工飼料の普及により、富栄養化などの問題は解決されてきている。

クロマグロ養殖用の人工配合飼料については、ＣＯＥプログラムの中で、滝井らによって酵素処理した魚粉の有用性が確認され、これにサケ卵油や活性デンプンを加えた、稚魚用の人工配合飼料が世界ではじめて開発されている。また、イシダイの孵化仔魚《しぎょ》を給餌した場合のクロマグロの仔稚魚の成長と生存率がよいことから、関連する栄養素のひとつとしてＤＨＡを多く含むリン脂質（ＤＨＡ－ＰＬ）が重要であることを特定。ＤＨＡ－ＰＬを含むサケ卵巣リン脂質を配合飼料に添加し、クロマグロの仔稚魚を飼育した場合、従来の生餌で育てた場合と比べ、成長と生存率が大きく改善されるという知見も得られている。

現在開発されている人工配合飼料は、体重四〇〇グラム程度までの稚魚用であるので、今後さらに成長が進んだ魚体に対応できる人工配合飼料の開発が期待される。

完全養殖による種苗用稚魚の出荷が開始

　完全養殖達成後の次なる目標は、安定的な種苗生産技術の確立であることは先に述べた。その先駆的事例として、平成一九年一二月六日に、完全養殖第三世代の稚魚一五〇〇尾が、養殖用種苗としてはじめて、大島実験場から熊本県天草市の民間養殖業者に出荷された。完全養殖クロマグロの出荷としては、これまでに、水産研究所で育てた「成魚」を百貨店などに販売することは行われてきたものの、養殖用種苗として外部の養殖業者に「稚魚」が販売されたのは、これがはじめてである。

　はじめて種苗用稚魚が出荷できた背景には、水産研究所での完全養殖稚魚の生産量が増え、外部へ出荷する余裕ができたこと、輸送中や輸送先での環境変化による死亡リスクを軽減できる諸技術が進んだことがあげられる。

　出荷に際しては、天草市まで船舶を使って輸送されたが、輸送中に死亡した稚魚はわずかに二三尾と、生存率は九八％を超えている。この実績からも、稚魚の輸送に関しては、技術がほぼ確立されたといっても過言ではないレベルに達している。

さらに出荷から約三週間後の一二月二五日時点でも、生存率は出荷時の九三・八％を保っており、出荷先の環境への対応も問題なく経過した。

平成二〇（二〇〇八）年二月に、大島実験場の岡田が出荷先の天草までその後の様子を確認に出掛けた際には、水温の低下により餌の食いつきがやや落ちてはいたものの、串本に比べても遜色《そんしょく》ないくらい順調に育っていたという。

岡田にこの話を向けると次のような答えが返ってきた。

「嫁に出した娘じゃないけど、どうしてるのか気になります。はじめての稚魚の出荷で話題にもなりました。絶対に失敗したくないし、先方にも失敗させたくない気持ちが強いです」

平成一五年から五カ年計画で始まった「21世紀COEプログラム」の中で、「人工孵化《ふか》クロマグロ種苗生産の産業化」は目標のひとつとして掲げられていたが、この天草への稚魚の出荷の成功で、この目標に関しては最終年度に達成されたことになる。

今後さらに人工孵化から沖出しにいたるまでの稚魚の生存率を高め、生産コストについても突き詰めていく必要がある。とはいえ、養殖業者に種苗の稚魚を出荷できたことは、天然資源を減らさないという完全養殖の大目標に一歩近づいたことは間違いない。

生簀《いけす》の中のクロマグロ

ここで、現状の大島実験場の生簀の様子を少し紹介しておく。

取材を行った平成二〇年二月時点で、はじめて種苗用として出荷された稚魚と同時期に生まれた完全養殖第三世代の稚魚が、体重約二・五～三・〇キログラム、体長五〇センチメートル程度に成長し、沖出し稚魚用の生簀に約三一〇〇尾ほど飼育されていた。岡田によれば、今後本養殖用の生簀に移す予定で、これらを次世代の親にするかは、未定の状態とのことだった。

生簀は世代ごとに分けられ、平成一四（二〇〇二）年にはじめて完全養殖に成功した第二世代の生簀には、一一〇尾のクロマグロが残っていた。体重は平均一〇〇キログラムで、もっとも大きいものは約一五〇キログラムに達しているという（図6－3）。この群から、はじめて種苗用稚魚として出荷された第三世代が生まれて

図6-3　生簀内のクロマグロ

おり、ここ数年は産卵が期待される群である。

　平成七（一九九五）年にはじめて人工孵化に成功した第一世代も六尾が残っていた。こちらは平均二五〇キログラムにまで成長しており、生簀に近づくとかなりの迫力である。

　これらの生簀に飼われているクロマグロには、一日二回、午前と午後に分けてアジ、サバを中心に生餌が一回あたり体重の数％の計算で与えられている。図6－4に与えられている餌の割合を示す。餌の量は、水温が下がる冬場は、餌の喰いつきが悪くなるので少なく、夏場は多くなるが、冬場で一日体重の三％、夏場で体重の五％が目安になるという。

面白いのは、給餌の漁船が生簀に近づくとクロマグロは水面近くに上がってきて、餌をくれといわんばかりに生簀内を泳ぎ回る。岡田が魚体重を説明する際に「一番大きな子は」という表現を使ったが、まさに飼われているという姿である。

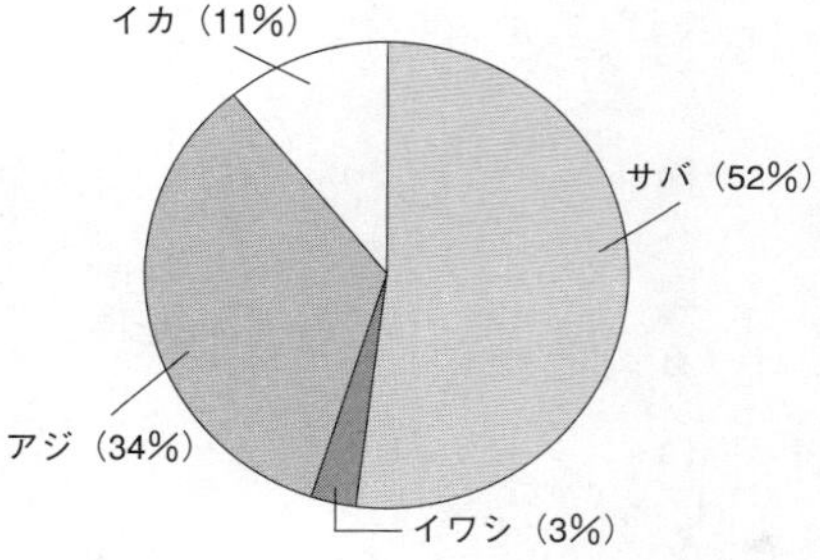

図6-4　クロマグロの餌の割合

出荷についても少し触れておくと、平成二〇年現在、第二世代の完全養殖クロマグロが順次計画的に出荷されている。まだ一般の小売店に流通するまでの出荷量にはいたっておらず、大阪や奈良の百貨店を中心に出荷されている。

出荷時にどうやってクロマグロを捕獲するかであるが、これは電気針を使って一本釣りを行う。針についた餌に喰いついた瞬間に電気が流れ、仮死状態にして釣り上げるのである。なぜこういった方法をとるかといえば、時間をかけて釣り上げると魚が暴れて、体内に乳酸がたまり、身に俗にいうやけが入るからである。これは、タイやハマチにも共通していえることで、身がやけると解体した際に身の透明感がなく、食べてもパサパサで、商品価値が落ちるのである。

また釣り上げる際には、成長の早い魚体を選抜的に残す必要があるため、どの魚体を釣り上げてもいいというわけではなく、技術が必要なのだが、熊井によれば熟練した職員にかかれば、ある程度狙《ねら》った魚体を釣り上げることが可能だとのこと。まさに職人芸の域である。

輸入に頼るクロマグロの消費

天然資源の保護の観点から完全養殖を考える前に、ここで完全養殖の研究が始まった当初よりも、完全養殖の産業化への意義や期待がより高まっている現状を見ておきたい。

昭和四〇（一九六五）年ごろ、日本のマグロの漁獲高が頭打ちになったことに危機感を抱き、昭和四五（一九七〇）年から水産庁主導ではじまったクロマグロの完

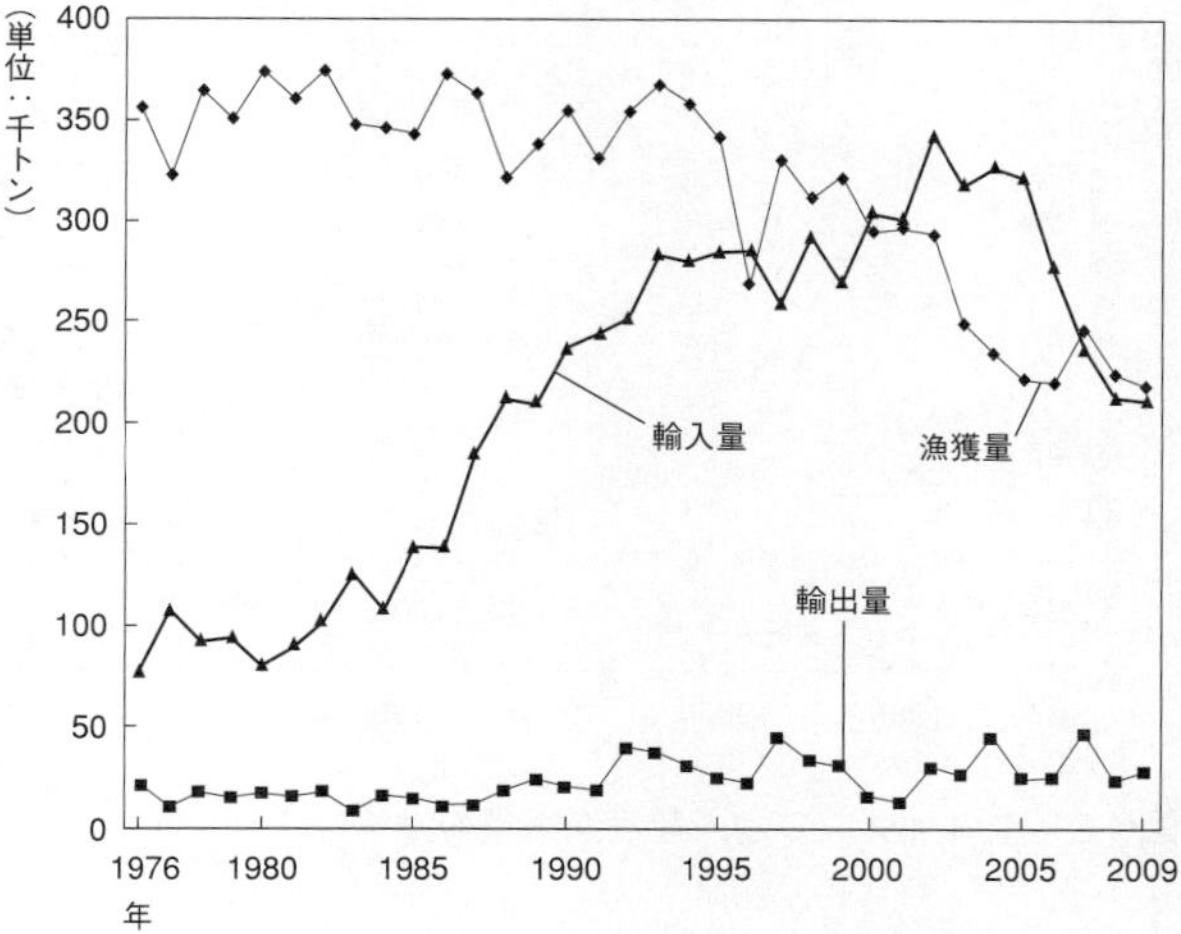

図6-5　日本でのマグロ類（クロマグロ、大西洋クロマグロ、ミナミマグロ、メバチ、キハダ、ビンナガ）の輸入量、輸出量、漁獲量の推移

（FAOの統計数値をもとに作成）

全養殖の研究であるが、現在にいたるまでにクロマグロを取り巻く環境は大きく変わってきている。

八ページの図で見たように、一九六〇年代以降、日本のマグロ類の漁獲量はほぼ横ばいである。これに対し、世界の総漁獲量は右肩上がりの状況がほぼ続いてきた。しかし、内容を精査すれば、日本の漁獲量が横ばいだからといって国内の消費量も横ばいかといえばそうではない。輸入量が劇

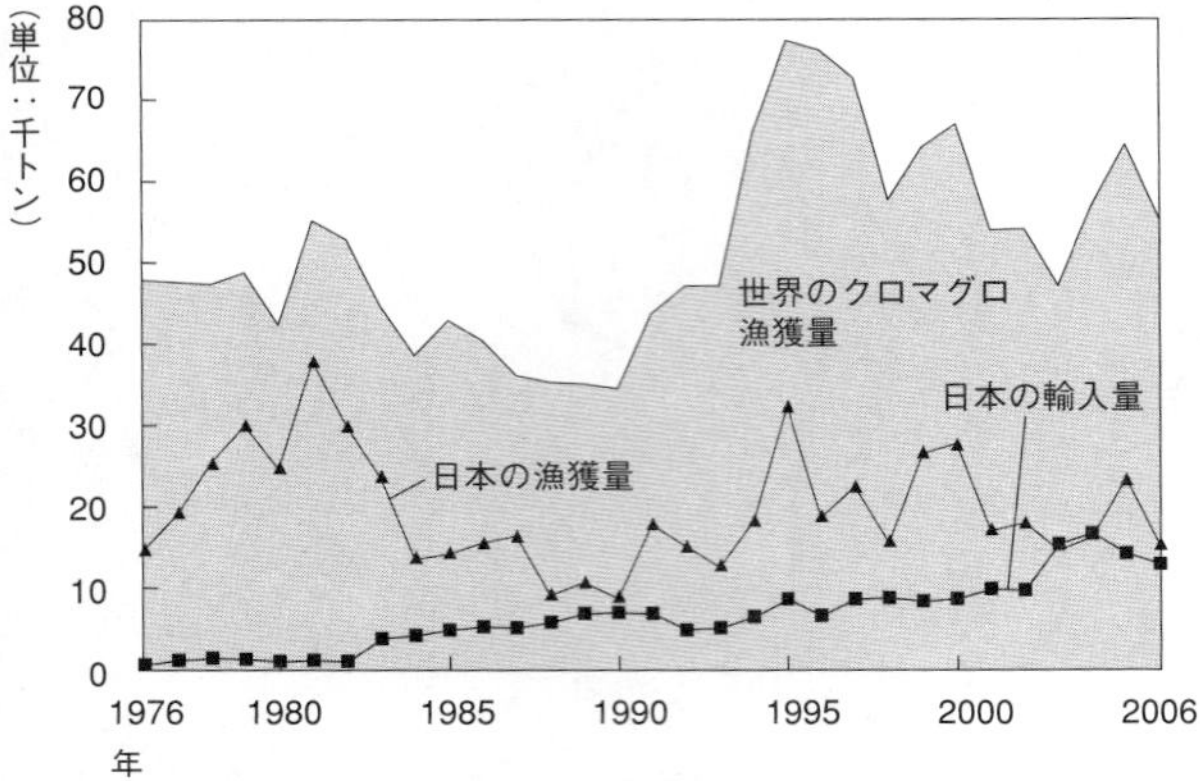

図6-6　クロマグロの輸入量と漁獲量の推移
（FAOの統計数値をもとに作成）

的に増えており、日本人のマグロ消費量は日本の漁獲量に反して増えているのである。とくに輸入量が急激に増えた一九八〇年代には、円高とバブル景気が追い風となり、大量に輸入のマグロが流通するようになった。回転寿司《ずし》で気軽にマグロを食べられる状況になった背景には、輸入量の増加という構造的変化が隠れているのである（図6－5）。

クロマグロ単独で見た場合にも、二〇〇〇年代初頭以降、輸入量が日本の漁獲量と拮抗するようになってきた。これは地中海などで蓄養が盛んになり、その多くが日本に輸入されていることを反映している。二〇〇六年時点で、クロマグロの輸入量は日本の漁獲量とほぼ並んでおり、現在では日本のクロマグロの消費量の大部分を輸入に頼っているといえるだろう（図6－6）。

また、国連食糧農業機関（FAO）の二〇〇四年の資料によれば、世界のマグロの消費量は二〇八万トンで、そのうちの三分の一弱にあたる五八万トンを日本が消費している。種類別で見ると、高級マグロに分類されるクロマグロとミナミマグロについては、公式統計の数字をもとに世界自然保護基金（WWF）が推計した結果では、クロマグロで世界の生産量の約八割、ミナミマグロでほぼ一〇割が日本で消費されている。

ここまでの要点を整理すると、世界で獲《と》れるクロマグロの八割は日本人が消費しており、その消費量は現在でも増え続けていること、そしてその中身を見ると、輸入量の増加がその消費を支えていることがわかる。

世界的なマグロ消費の増加が意味すること

このクロマグロの輸入増加という変化の中で、今後日本人がこれまでと同じようにクロマグロを食べ続けることができるのであろうか。これに関連して危惧《きぐ》される動向がある。それは、世界的な需要の増加である。

昨今日本食が健康志向の中で世界的に注目を集め、「ＳＵＳＨＩ」は世界共通の言葉として浸透していることを見れば、その事態はよく理解できるだろう。またＢＳＥ問題による肉食に対する不安から、世界的に魚食に注目が集まっているという流れもある。とくに中国や欧米での需要の高まりは顕著で、今までは日本向けの輸出用に漁獲していたものを、より高値で買ってくれる国に販売する動きも出てきている。オイルマネーをもつ国や経済発展著しい国の富裕層がクロマグロを欲せば、経済原理によって、より高値で買ってくれるところにモノは流れる。その表れか、日本へ今までの値段では入ってこなくなる状態が、すでに始まっているのである。

輸入がだめなら国内の漁獲を増やせばよいという考え方もある。しかし、国内に

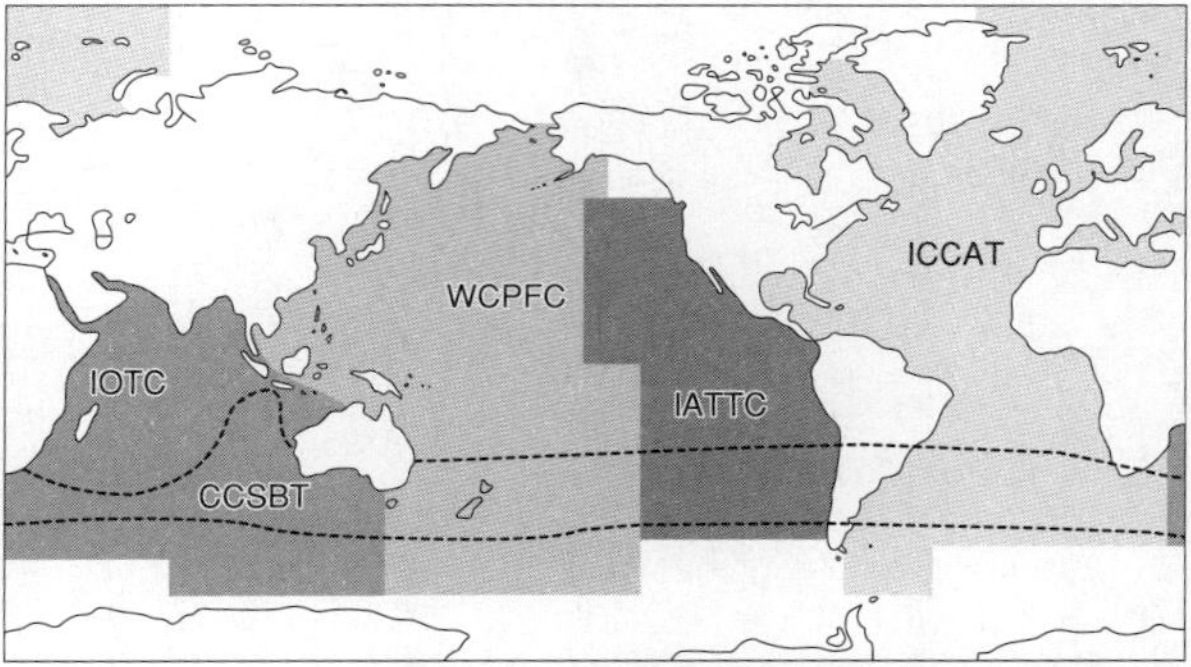

図6-7　マグロに関する地域漁業管理機関とその管理海域

ICCAT：大西洋まぐろ類保存国際委員会
IOTC：インド洋まぐろ類委員会
CCSBT：みなみまぐろ保存委員会
WCPFC：中西部太平洋まぐろ類委員会
IATTC：全米熱帯まぐろ類委員会

おける遠洋漁業は、採算の悪化や後継者不足で衰退の一途をたどっている。また、原油価格の高騰《こうとう》がこれに追い討ちをかけ、平成二〇年には全国で漁船の一斉休漁という異例の事態も起こった。

一方、消費量が増える中で資源量も当然問題になってくる。水産庁では過去二〇年にわたる資源量の推移などによって、カツオ・マグロ類の海域別の資源状況を「高位」「中位」「低位」の三段階に区分している。

クロマグロについては、その

分布域である「中西部太平洋」「東大西洋」「西大西洋」の三海域について評価しており、平成二三年度の状況として中西部太平洋は「中位」、東大西洋並びに西大西洋は「低位」という結果を発表している。

また、過去五年の資源量や漁獲量の推移から資源動向を「増加」「横ばい」「減少」で示しているが、こちらについては、中西部太平洋は「減少」、東大西洋は「横ばい」、西大西洋では「やや増加」との結果を発表している。

現在、世界でマグロに関する地域漁業管理機関は五つあり、各海域での国別漁獲量、操業漁船数などを取り決めている（図6－7）。

とくに一九九二年に京都で行われた第八回ワシントン条約（ＣＩＴＥＳ）締約国会議で、スウェーデンがクロマグロの国際商取引に規制をかける提案を行って以降、マグロの資源量について資源管理体制が注目されている。

二〇〇七年には、五つの地域漁業管理機関と各機関に加盟する計五四の国や地域の代表に加え、国連食糧農業機関や世界自然保護基金（ＷＷＦ）、日本に本部を置く国際漁業団体の「責任あるまぐろ漁業推進機構」なども参加して、資源保護策を話し合うはじめての合同会合が神戸市で開かれている。

会合ではさらなる資源の減少を防ぎ早急に資源を回復させること、乱獲や過剰な漁獲能力、違法漁業など深刻な問題を認識し早急に行動を起こすことなどの行動指針が作成され、その後二〇〇九年にスペイン（第二回）、二〇一一年にアメリカ（第三回）とつづけて開催されている。

これらのどの要素をとっても、日本のクロマグロの食文化に明るい未来はないように思える。このような状況の中にあるからこそ、クロマグロの完全養殖の産業化への期待がより高まっているのである。

最終目標は天然資源の保護

海外において天然のクロマグロの成魚を生け捕りし、数カ月間生簀で太らせて出荷する蓄養については第1章で触れたが、日本ではヨコワからクロマグロの成魚まで育てて出荷する養殖業者が昭和六〇（一九八五）年以降出現している。

取り組みの早かった事業者としては、昭和六〇年に日本栽培漁業協会八重山事業場が石垣島で、同年に株式会社ニューニッポが高知県大月町で（平成二年に沖縄本島の本部町《もとぶちょう》に移転）、昭和六一（一九八六）年に日本配合飼料株式会社が愛媛県南宇和内海村（現愛南町）で、昭和六二年に当時の大洋漁業株式会社（現マルハ）が奄美大島の瀬戸内町で、さらに平成四（一九九二）年から社団法人マリノフォーラム21が鹿児島県笠沙町《かささちょう》で、平成六（一九九四）年から長崎県が上五島町《かみごとうちょう》などで、それぞれ事業や研究に着手している。その後さらに事業者は増え、西日本以南に約三〇ほどの経営体ができている（図6－8。平成二四年現在八三経営体にまで増加）。

熊井によれば、これらの業者が年間に出荷しているクロマグロは四五〇〇トンにもなるという。概算ではあるものの、三〇キログラムにまで養殖したとして一五万尾のヨコワを成魚に育てているわけだが、現在の技術では生存率が五〇％程度なので、その倍の約三〇万尾ものヨコワを毎年天然界から獲っている計算になる。

現在、太平洋におけるヨコワの漁獲については漁獲努力量は設けられているが厳しい規制はかかっていない。しかし、マルハニチロホールディングス、株式会社極洋、日本水産株式会社など大手水産会社もクロマグロに着目し事業化に取り組んでいる現状を考えると、このままの状況で資源を維持できるかどうかは未知数である。

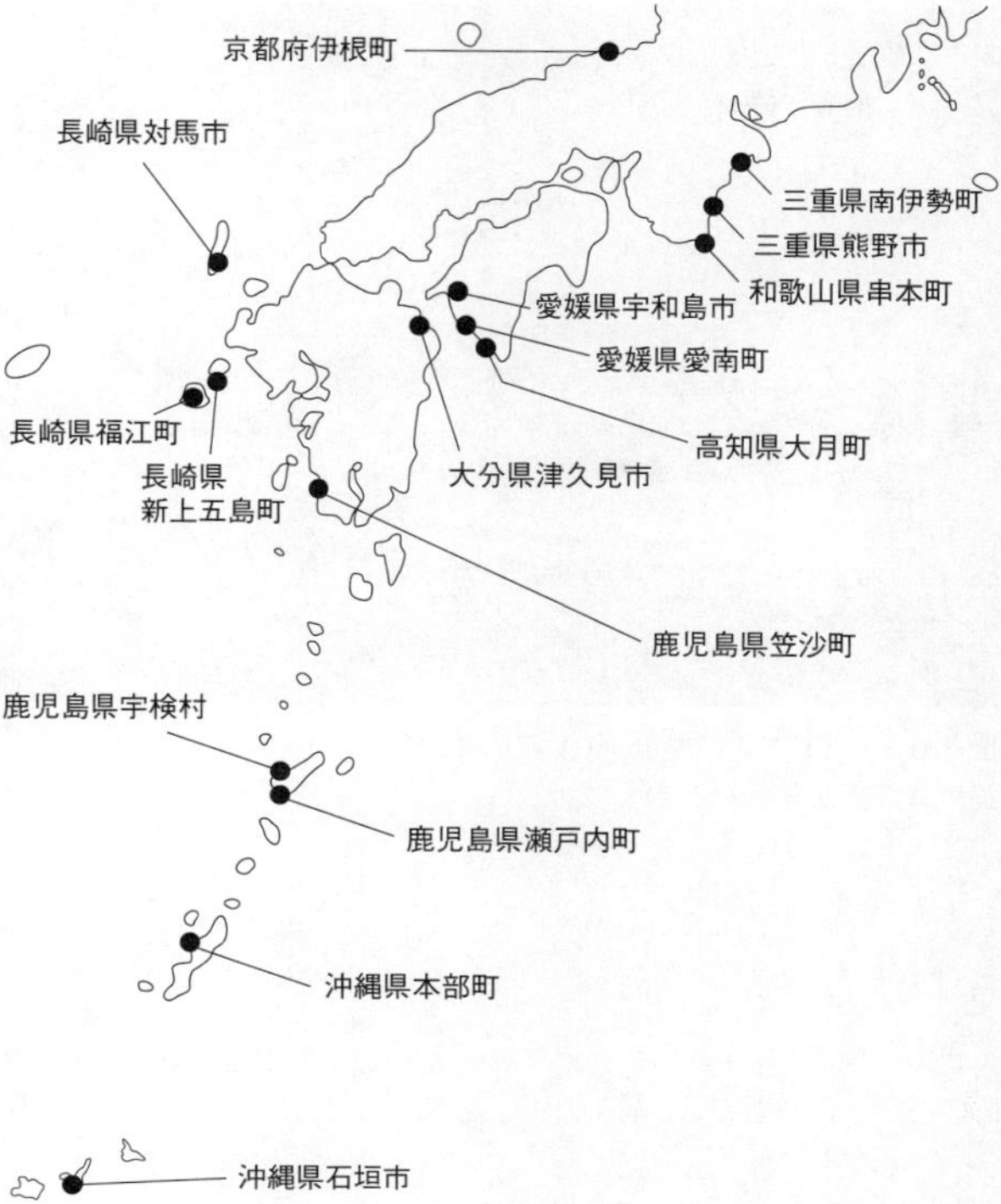

図6-8　日本におけるおもなクロマグロ養殖地図

図6-9　クロマグロ稚魚の放流の様子
提供：近畿大学水産研究所

熊井はクロマグロの完全養殖の最終目標を次のように語る。

「現在天然界から獲っている年間三〇万尾のヨコワを、すべて完全養殖の稚魚で賄《まかな》えるようになることと、天然の海洋資源を回復させることが、われわれのめざすところです」

完全養殖で天然の資源に負担をかけることなく育てた稚魚を、事業者に出荷するだけでなく、天然界に放流することで、現在「低位」と評価されている資源水準を回復させ、日本の食卓も守るという公算だ。

実際に平成七（一九九五）年から

は、日本栽培漁業協会が奄美大島において大規模養殖場を造成し、放流を目的としたクロマグロの増養殖の研究に着手している。クロマグロはマグロ類の中でも強い産卵回帰性、要するに成長段階で大洋を回遊していても、産卵期には決まった場所に帰ってくる性質があると考えられている。放流事業が軌道に乗れば、遠方まで船を仕立てて漁獲に向かわなくとも、クロマグロが帰ってくるのを待って漁獲できる可能性も秘めている。

近大の水産研究所でも、平成七年に人工孵化《ふか》させた稚魚八七尾を白浜町沖で放流したのに続き（図６－９）、平成一五年には文部科学省の21世紀ＣＯＥプログラムに選ばれたことを記念して、串本沖で一〇〇〇尾の人工孵化クロマグロの稚魚を放流している。

完全養殖のめざすところである種苗用稚魚の生産は、平成一九年にはじめての出荷が行われ道が開けてきている。放流事業については、その追跡調査などを含め、なかなか一研究所で継続するのは難しいが、熊井らが水産庁に働きかけも行っているという。生き物を相手にするだけに、一年一年の歩みは少しずつかもしれないが、三十数年間で進歩した技術は計り知れない。この偉業は、将来必ず再認識されるときがくるだろう。

終章

完全養殖を支えたもの

ここまでの章で、クロマグロの完全養殖にいたるまでの道筋と今後の展望について見てきた。さまざまな困難を克服し、幾多の壁を乗り越えてきた原動力とはなんだったのか。本書の最後に、なぜ不可能と考えられていたクロマグロの完全養殖が達成できたのか、研究者としての熊井《くまい》の生き様を中心にしながら、その背景を探ることにしよう。

忍耐

熊井は平成二〇（二〇〇八）年、近畿大学で研究生活に入って、ちょうど五〇年の節目を迎えた。

その熊井に、「研究者として必要なことはなんでしょう？」という問いを投げてみた。すると「私のつたない経験からいいますと……」としばらく間をおいて次のように語った。

「まず、ひとつ目が『忍耐』。あきらめてはダメですね。ダメだと思ってもどこかに糸口がないかと初志貫徹で一生懸命やる。クロマグロもこれがあったから完全養殖を達成できたんだと思います」

熊井がいうには、生き物を対象にする研究というのは、とにかく忍耐とのこと。熊井が原田の死により水産研究所の所長を引き継いだ当時は、ちょうどクロマグロの産卵が途絶え、研究続行も危ぶまれた時期である。完全養殖達成までの空白の一一年間は、まさに忍耐のときであった。

熊井にインタビューを重ねる中で、耐え忍んだ時期のエピソードの中に近畿大学総長の世耕《せこう》の話がしばしば出てきた。若いときの話の中には、初代総長の世耕弘一《こういち》が、研究所所長になったあたりでは、二代目の世耕政隆《まさたか》が、ことあるごとに登場する。

研究所所長となり、クロマグロが産卵しない状況を二代目総長の政隆に相談に行き「生き物のことだから気を長くもってやってください」と励まされ勇気を得るが、そのときに思い出した言葉は、初代総長が熊井にいった「不可能を可能にするのが研究だろ」というフレーズだった。

熊井は三二年もかかった完全養殖の達成は、研究に携わった者全員の努力のたまものと、必ず所員にまず謝意を表すが、インタビューの中では、「トップの心意気も大事」と付け加えた。熊井は歴代の総長との付き合いの中から、「トップとはいかにあるべきか」を学び取ったのではないかと思う。熊井が耐えるべきときに耐えられたのも、大学トップの励ましがあったからこそであろう。

熊井が二代目総長の世耕政隆に相談に行ったときの話には後日談があり、政隆は「まったく見込みのないことに対してはあんな風にはいいませんよ。それまでに実績を積んでいたから、必ずできる！　という確信があったのですよ」といったという。ここでもまた信頼関係は深まったのである。

観察眼

研究者に必要なものとして熊井がふたつ目にあげたのは、「正確な観察眼」である。私がこの取材の中で一番印象的だったのは、大島実験場で船に乗せてもらい、

給餌の様子（上）と餌に食いつくクロマグロ（下）

生簀《いけす》を案内してもらったときの岡田の給餌《きゅうじ》の様子だ（前頁）。スコップですくい上げたアジなどの餌《えさ》を、直径三〇メートルもある生簀に投げ入れるのだが、岡田は投げ入れたあと数秒間海面から目を離さなかった。クロマグロは横腹を見せながら、海面近くの餌に食いつく。その様子をじっと見ていたのだ。じっと観察することで、魚の健康状態や外傷がないかどうか、ほかにも異常はないか確かめていたのである。

とても印象的だったこの光景を熊井に話すと、「原田先生が『魚に学べ』とよくおっしゃっていました。研究にゆき詰まっても魚が答えを教えてくれる。よく観察するというのはそういうことなんですよ」と補足した。

原田はまた、「魚はものをいわないから死んで抗議するんだ。死ぬ前に察知できなければ魚飼いとはいえない」ともよく話していたという。このことも、よく観察しろということに繋《つな》がっているのだろう。

余談になるが、素人《しろうと》にはまったく同じに見える魚の顔も、毎日観察を続けていると見分けがつくようになるのだという。熊井は以前テレビ番組に「魚の顔を見分ける名人」の肩書きで登場したこともあるという。観察の大切さを知る話として、熊井は次のような話をしてくれた。

「たとえば水槽に一〇〇尾の魚を飼うとしますね。最初は大きくなれ大きくなれと餌をやる。それが慣れっこになりなにも考えずに餌をやり続けると、魚が死に始めるんですよ。収容密度を超えてしまうんですね。事前にそれを観察から気付かないといけないわけです」

これは実際に、学生に観察の大切さを伝えるために行った実験のエピソードである。

愛情

研究者に必要なものとして、熊井は最後に「愛情」と答えた。完全養殖のクロマグロをはじめて百貨店に出荷した際、熊井は「わが娘を嫁に出すような気持ち」と記者の質問に答え、それが新聞の見出しとなったこともある。実際に自分たちが手塩にかけて育てた魚は、あまり食べる気にもならないという。水産研究所では、「魚飼い」という言葉をよく使うが、熊井の話を聞いているとこの魚飼いという言葉の意味の中には、魚に対する愛情も含まれているような気がしてきた。

またこの愛情を広義に捉《とら》えれば、仲間を思いやる気持ちにも通じるようにも思う。熊井は水産研究所の自慢できるところとして、「研究者も技術員も一致団結して組織としてまとまっているのがうちの財産です」という話をした。若い研究者の中には、わが道を行くというタイプも多いと聞くが、水産研究所では常に研究者と技術員が交流を図り、研究を現場に活《い》かせるよう取り組んでいるという。

ＣＯＥプログラムの中間審査の際に、熊井に「なぜ近大だけはそんなに順調にいくんですか?」と質問した審査員がいたという。熊井はその答えとして、この研究所の所員全員が一致団結して取り組む姿勢が力になっていると思うと語ったそうである。

完全養殖の達成の背景として熊井があげた「忍耐」「観察眼」「愛情」のどれが欠けても、現在のような結果は出ていなかっただろう。よく環境が人を育てるというが、水産研究所という環境が、伝統としてこれらの要素を所員に植え付け、そして代々受け継いでいるのかもしれない。

「私学」であることの誇りと反骨精神

クロマグロの完全養殖の研究が三二年もの歳月をかけて達成できた陰には、近畿大学が私学であったという側面を抜きに語れない。

事実、昭和四五（一九七〇）年に始まった水産庁の「マグロ類養殖技術開発企業化試験」は三年という時限予算の中でのスタートだった。三年を過ぎてほかの研究施設が研究を中止したにもかかわらず、近畿大学の水産研究所だけが研究を続けられたのは、原田らが育てた魚を売り、そのお金を研究費に充《あ》てられたという点が大きい。これは国公立では適《かな》わないことである。熊井はこの点を、「私学だからこそ三〇年以上続けられた」と胸を張る。

しかしながら、理系分野の学会においては、私学は国公立に比べ一段下に見られることも多い。熊井の言葉を借りれば「今でこそみなさんのお蔭《かげ》もあって、近畿大学のことは対等に見てくれますけど、昔は私学ということで寂しい思いもいろいろしました」という。

その当時は熊井自身も学会で積極的に高名な先生のところへ話をしにいく勇気がなかったとのことだが、実績を上げて、あっといわせてやろうということは、常に考えていたという。この「なにくそ」と思う反骨精神が、いい結果を出そうという力になったと考えるのは、穿《うが》った見方だろうか。

水産研究所が数かずの実績を上げるにつれ、昔は声をかけることのできなかった高名な先生との交流も、今では生まれてきているそうである。だが、熊井は実感を込めて次のようにいうと苦笑した。

「若いときにですね、もっと積極的に交流を図っておけば、人生がもっと豊かになっていたような気がしないでもないですが」

この話は、怯《ひる》まず積極的に飛び込んでいく勇気というのも、研究の世界で生きていく人間にとっては大事なことだが、それ以上に反骨精神も大事ということを示しているともいえよう。

熊井は取材時の平成二〇年二月時点で満七二歳。近畿大学の定年はすでに過ぎているが、拠点リーダーを務めている21世紀ＣＯＥプログラムが平成二〇年三月までの期限であるため、水産研究所の所長ほか、教授職、大学理事などいくつもの役職を兼任していた。

平成一九（二〇〇七）年に体調を一時崩す前までは、永年熊井は毎日五時に起床し、浦神実験場内を一周するのが日課だったそうだ。だれよりも早く出勤し、事務所のカーテンも自ら開けていたという。「言葉でいうよりも行動で示したほうが伝わるように思うんです」といいつつ、「ぼちぼち役職を解いてほしいのですけども」と本音もちらりと見せて笑いながら、「近畿大学には今まで育ててもらった恩がありますので、命が続く限りは恩返しをしたいと思っています」と言葉を繋いだ。

この後、三月末のＣＯＥプログラム終了をもって、熊井は水産研究所所長はじめ、水産研究所関連の役職をすべて勇退し、後任の所長には村田修《おさむ》が就いた。大学本部からは慰留の声が掛かったが「下積みからともに研究してきた村田教授も六〇半ば。副所長のままで終わってもらうのではなく、最後は所長で終わってほしい」という熊井の願いもあり、所長交代となった。

しかし、近畿大学水産研究所は新たに五年間の「グローバルＣＯＥ」に採択されたので、拠点リーダーの熊井がひと息つけるのも今しばらく先になりそうだ（平成二五年三月で終了)。

「グローバルCOE」については、まだ始まったばかりだが、すでに現在若手研究者の育成とともに、韓国、オーストラリアなど海外の研究所や企業との共同研究も進められている。クロマグロの完全養殖技術については、海外からの注目度も高く、オーストラリアではミナミマグロの完全養殖をめざし、陸上の孵化《ふか》施設なども新設されたという。また、マグロに留まらず、韓国では水産研究所が研究を続けてきたマダイなどの交雑にも興味を示しているという。今後、国際的な研究拠点としても水産研究所の存在価値は評価されていくのだろう。

学会からの各賞受賞

熊井が受賞した各賞については一覧(左頁)のとおりであるが、なかでも平成一五(二〇〇三)年に日本水産学会から「海産魚類の養殖に関する一連の研究」に対して贈られた功績賞は意義深い。当時功績賞は水産学会においては最高の賞で、平成一〇(一九九八)年に贈られた日本水産学会技術賞に続く栄誉であった。技術賞

平成10年	日本水産学会技術賞
14年	和歌山県文化特別賞
15年	日本水産学会功績賞
16年	日本水産増殖学会賞
	農林水産大臣賞（代表）
17年	日経優秀製品サービス賞優秀賞・日経産業新聞賞（代表）
18年	ニュービジネス大賞優秀賞（代表）
	大日本水産会功績者表彰
20年	日本農学賞
	読売農学賞
	科学技術政策担当大臣賞

熊井のおもな受賞歴

については、昭和五七（一九八二）年に恩師の原田も受賞しており、師弟二代にわたっての受賞である。

原田が受賞したあとも、一部の研究者からは水産研究所の魚を売って研究を続けてきたことに対し、「近畿大学のやっていることは、研究ではなく単なる技術だ。受賞も技術賞止まりだろう」という揶揄《やゆ》もあったそうだが、学会が最高の賞を授与したことは、それらをも凌駕《りょうが》するほどの成果を、水産研究所があげたということの証明にほかならない。

学会からの賞は、基本的に個人の業績に対して授与されるものであるが、熊井に受賞の話を振ると、「とくにわれわれのやってきた水産分野の研究というものは、一人でできるものではないんです。水産研究所のメンバーや、研究に協力してもらっている方全員で受賞したものと考えています」と何度も「全員での受賞」を強調する場面があった。

この姿勢をよく表しているエピソードをひとつ紹介しておこう。熊井が平成一〇年に日本水産学会技術賞を受賞した際、水産研究所では原田前所長に続いての受賞となり、お祝いムードに包まれた。全所員をあげて熊井の受賞を喜びたいと祝儀《しゅうぎ》が集まり、贈呈の段取りまで進められたところで、熊井は「私だけの業績ではない」とこれを固辞する。贈呈側もどうするか思案し、最終的に水産研究所と水産養殖種苗センターの有志一同で、受賞記念の講演要録を出版することで落ち着いたという。その講演要録の最後のページには、研究にかかわり、要録制作に協賛した七六名の名前が列記されている。

学会以外からの受賞では、平成二〇年に贈られた産学官連携功労者表彰の科学技術政策担当大臣賞が、水産研究所らしい受賞といえる。産学官連携功労者表彰は、大学、研究機関、企業などによる連携事業で優れた実績をあげた功労者を表彰するもので、アーマリン近大が、残留する水銀含有量の少ないクロマグロの養殖技術を新たに開発したこと、市場と研究現場の連携で資源の保護、食の安全に貢献したこと、養殖クロマグロの販路を開拓したことなどが評価されて、熊井と二代目社長の大原司《つかさ》が受賞した。実学を掲げて研究を進めてきた水産研究所の業績が、改めて認められたといっていいだろう。

また、科学技術政策担当大臣賞と同年に受賞となった日本農学賞は、学会賞の中でも非常に重みのある賞である。日本農学会は、農学、林学、水産学などに関係する約五〇の学会から構成されており、そこが授与する日本農学賞は農学研究者のあいだでは最高の賞であるとされている。この受賞は、「クロマグロの完全養殖に関する研究」に対して授与されたのだが、まさに三二年にわたる水産研究所の苦労が報われた受賞といえるだろう。同年七月には研究開始当初、ヨコワの捕獲や生簀《いけす》設置で協力してもらった和歌山県南部の各漁協関係者なども招いて祝賀会が催されたという。

「水産研究所が今あるのも、地元漁協の協力があったからこそ。感謝を伝えないかん」

熊井の受賞の祝賀会ではあったが、熊井の口からは謝意が何度もくり返された。

教育者としての一面

永年にわたり水産増殖研究に携わってきた熊井は、研究者であると同時に、大学人として教育者の横顔ももちろんもっている。近畿大学農学部は、平成元（一九八九）年に奈良市内に移転するが、以降熊井は紀伊半島のほぼ南端に位置する浦神実験場と、講義をもつ奈良市内の農学部との二重生活を余儀なくされることとなる。農学部の最寄《もより》駅近くに部屋を確保したとはいえ、特急電車を使っても約四時間かかる道のりを、熊井は毎週往復しながら研究生活を送っていたのである。

また、熊井の教育者としての横顔を知るうえで、貴重な数年間がある。熊井が四八歳だった昭和五九（一九八四）年から、平成三（一九九一）年までの八年間、和歌山県新宮市にある近畿大学附属新宮高等学校の校長を兼任していたのである。

近大附属新宮高校は、新宮市の名誉市民だった近畿大学初代総長の世耕弘一が、「郷里にぜひ学校を建てたい。立派な国家国民を育成する基本は女子教育にある」という建学理念のもと、夜間の近畿大学短期大学部と女子専門学校を設立したことに始まる。この家政や服飾を教えていた女子専門学校が発展的に解散して、昭和三八（一九六三）年に近畿大学附属女子高等学校として開校した。奇遇にも熊井は、白浜臨海実験所に着任した昭和三三（一九五八）年から高等学校設立初年度までの数年間、生物の教員としてこの学校の教壇に立っており、約二〇年ぶりに戻ってきたような格好となった。

この校長就任については、近畿大学二代目総長の世耕政隆からの突然の依頼で決まるのだが、このときのエピソードも世耕と熊井の関係をよく表していて面白い。熊井は水産学会で東京に赴いていたときに、会場で「自宅に至急電話してください」との呼び出しを受けたという。熊井は「不幸があったな」と慌《あわ》てて電話すると「大学の総務部長から至急電話がほしいと連絡がありました」とのこと。大学に電話してみると総務部長は「総長から聞いていただいているかと思いますが、昨日付けで新宮高校の校長着任の辞令を出しましたから、東京の帰りに大学本部に寄って、そのあとに高校に顔を出してください」という。熊井はこの時点で校長着任の話も、辞令が出たことも初耳である。すぐに国会議員を務めていた世耕に電話をかけ、議員会館で面会する約束を取り付けた。

翌朝熊井は、「私ごとき素人《しろうと》校長では、かえって学校をダメにしてしまいます」と辞退を申し出た。しかし、総長の「素人だからこそ新しい発想が生まれるのです。私は決めたのですから、どうかお願いします」という言葉に退路を断たれての就任となったのである。

熊井はこのとき、「引き受けた以上は私の思うとおりにやらせてください」と総長にいったという。やる以上は、納得いくように仕事をやり遂げたいという熊井の性格の一端が表れているように思える。

当時の新宮の学校事情を簡単に説明すると、人口四万人足らずの町に県立高校が二校と、近大附属高校の合計三校があり、近大附属高校は、公立の滑り止め的な存在で毎年生徒数を減らしていた。

熊井は一年間、覇気のない生徒や教員を見て、「これではダメだ。改革しなくては」と思い立ち、男女共学にして学校を活性化させることを決心した。しかし、「女子教育」という建学の精神に反するため、総長の世耕のもとに相談に行くと、総長も状況を理解しており許可が下りた。

さらに熊井は、男女共学にするだけでは不十分と考え、就任三年目に定員三〇名の特別進学コースを設置する。そして優秀な先生をスカウトし体制を整えた。特別進学コース初年度は五四名が応募してきたが、ここで熊井は一五名のみを合格とした。特別進学コース設置にあたり、協力を求めた中学校からは「なぜ定員の人数を採らないんだ」と厳しい非難の声があがったが、熊井は「特別進学コースのレベルに達していない者は合格させられない」と、この姿勢を貫く。すると翌年から、より優れた生徒が各中学校から集まるようになり、それまで附属高校でありながら近畿大学への進学もおぼつかなかったのが、特別進学コースからは、医学部、薬学部、法学部、経済学部、商学部、農学部に合格する者が現れ、二期生、三期生と続けて東京大学に合格する生徒まで現れた。

このの ち熊井は、附属中学校を開設し、中高一貫コースを新設するなど学校改革に取り組み、近大附属新宮高校を進学校に発展させることに成功した。

平成三年に原田が倒れたことで、熊井は水産研究所の所長職に専念するため、附属新宮高校の校長を退くが、長い水産研究所勤めの中で、この校長の経験は異色の数年間ともいえる。ここまでを読んで、この校長在任期間は校長職に専任していたように思われるかもしれないが、浦神実験場と新宮実験場の場長も兼任し、週に二

〜三回高校に通う生活を続けたというのだから驚く。

熊井にこの経験がどう活《い》きているかと質問をすると、「人間を見る目が養われたかもしれないですね」という答えが返ってきた。しかし「でも、なかなか人間は難しいです。魚のほうがまだ楽です」と笑みを浮かべながら続けたところから勘ぐると、総長に「思いどおりにさせてもらいます」と宣言したことが、かなりのプレッシャーになっていたようにも思える。さまざまな改革を重ね、粘り強く結果を残したところは、どこかクロマグロの完全養殖達成に繋《つな》がる部分があるように思えるが、いかがだろう。

四七歳での学位取得

熊井の教育者の一面を、校長時代のエピソードを通して紹介したが、研究者としての一面も紹介しておきたい。

研究者ならば、学位取得は研究生活の中で大きな節目のひとつとなるが、熊井は昭和五八（一九八三）年、四七歳のときに九州大学で農学博士の学位を取得している。かなり遅い学位取得である。

熊井は広島大学水畜産学部水産学科を卒業後、当時の白浜臨海実験所副手として研究生活に入った。それからというもの現場の仕事に追われ、論文を書く時間も取れなかったという。これは、原田の考え方も影響しているところだが、とにかく現場重視で魚の生産や技術開発に全力で取り組む日々だったのである。大島実験場の岡田貴彦《ときひこ》の言葉を借りれば、学者でもなく、漁師でもなく、民間の生産者でもない「魚飼い」の誇りをもって、そういう生活をしていたのである。とはいえ、毎年春と秋に開催される日本水産学会には必ず参加し口頭発表するという、研究成果を発表する機会はもち続けていた。そんな中で日本農学賞受賞までの研究成果をみると学術論文・著書一六一編、学術発表二九三件、講演一六三件、マスメディア・雑誌など約三〇〇件にのぼる業績を残している。

熊井が学位を取ろうと一念発起した背景には、昭和四五（一九七〇）年に水産研究所と農学部の助教授に昇格したあと、学会などで学位をもたないことで対等に見てもらえない場面などに出くわし、その必要性を強く感じ始めたことがあるようだ。原田が日本水産学会技術賞を昭和五七年に受賞した際に、「近畿大学水産研究所のやっていることは、研究ではなく単なる技術だ。受賞も技術賞止まりだろう」という揶揄があったことを先に書いたが、こういった水産研究所批判に対して歯痒《はがゆ》く思う場面が、それ以前にもあったのだろう。

熊井は学位取得にあたって、広島大学時代にゼミを担当してもらった恩師の村上豊に相談している。広島大学の水畜産学部は、昭和五四（一九七九）年に、生物生産学部へと名称・組織を改めているが、村上はここに大学院が設置され、審査ができるようになった暁には、熊井を第一号にと考えているからと、熊井を励ましたという。おそらく村上も各方面に働きかけていたのであろう。

同年の九月に、熊井いわく「突然の電話」が村上からかかり、「今年中にどんな形でもいいから原稿を書け」と厳命が下ったという。それからというもの熊井は、日常の業務をこなしながら早朝三時か四時ごろに起床し、午前八時までの雑音のない時間を確保し、原稿を書く日々を送った。熊井は一〇年以上にわたって取り組んできたイシダイの養殖研究についてまとめ、約束の年内ぎりぎりの大晦日《おおみそか》の最終の速達便で原稿用紙六〇〇枚にもなった原稿を村上に送っている。

提出後、その評価はだれでも気になるところであるが、正月が明けても村上から音沙汰《おとさた》がないので、熊井は勇気をもって問い合わせた。すると「約束通りに仕上げたのは結構だが、長すぎる。これではだれも読んでくれないよ」という返答で、このあと四〇〇枚程度に書き直す作業にあたった。

こうして苦労して論文制作をしたものの、村上の退官までに学位審査ができる大学院の博士後期課程は生物生産学部に設置されず、村上の紹介により熊井は九州大学農学部教授で、魚類の生活史や魚類資源の研究をしていた塚原博《つかはらひろし》の門を叩《たた》くことになる。

熊井によれば、初対面の際に塚原から、「熊井さんは学会でよく発表されているので知っていますよ」と声をかけられたという。熊井は論文について、もう少しコンパクトにまとめたほうがいいとアドバイスをもらったのち、内地留学をさせてもらえないかと申し出るが、塚原の「そんな必要はないでしょう。遠いですが博多まで通われたらいかがですか」という提案で、この先二年間にわたって博多通いすることとなる。熊井の住まいのある浦神と博多は、新幹線と在来線の特急を乗り継いでも八時間の距離である。生半可な気持ちではなかなか通えない距離であるが、塚原の都合のよい時間を問い合わせ、あるときは日曜日の静かな環境で終日指導を受けたり、あるときは塚原の東京出張の帰りに名古屋のホテルのロビーで指導を受けたりしながら、最終的に熊井は二年間で一九回、博多までを往復したという。

このとき熊井はすでに四〇代半ばであったが、塚原から受けるマンツーマンの指導は非常に刺激的であったのではないかと思う。熊井は毎回一字一句聞き逃さないようにメモを取り、帰りの移動時間はその整理に充《あ》て、さらに家では奥さんに清書を頼み、すべてを吸収しようとしたという。

このような経過をたどり、熊井は一五年にわたるイシダイの養殖研究を二三七ページの論文にまとめ、晴れて昭和五八年三月、九州大学で農学博士の学位授与が行われたのである。

熊井はこの学位授与式の際、九州から浦神には戻らず、長野県の実家に向かい、まっ先に両親に報告している。熊井が高校三年生のとき、当初大学に進学することさえも反対していた父親が、息子の大学合格を喜び、現金のないなかで子牛を売ってお金を工面してくれたことは、熊井にとって何よりも嬉《うれ》しいことだっただろう。そして、学位取得を一番に報告したかったのは、まさに熊井が学問への道に進むことを後押ししてくれたこの両親だったに違いない。このときの気持ちを「なによりも学位取得で親孝行できたことが嬉しかった」と熊井はいっている。これもまた、熊井の人間性を表している一コマのような気がする。

学位取得については、熊井自身が学位をもっていないことでとくに海外で悔しい思いもし、苦労して取得したこともあり、熊井が水産研究所の所長に就任して以降は、研究所のメンバーにも学位を取ることを勧めている。とくにクロマグロの完全養殖でも重要な役割を果たした村田、宮下には取得を強く勧め、両名は実際に学位取得にいたっている。これは、同じ思いをあとに続く者にさせたくないという気持ちの表れだろう。

熊井の学位取得が遅かったことについては、決して原田の現場重視のやり方が悪かったと決めつけるのではなく、研究者にはいろいろなタイプがあり、それぞれに活躍する道があるのだと理解するほうがよいだろう。故人である原田に、その研究生活について尋ねることはできないが、悔いの残る研究生活は送っていなかったように思う。また熊井も「現在の私があるのは、原田先生のお陰」という言葉を何度も口にしており、その言葉に偽りはないはずである。いうなれば研究者として、原田はひとつの目標に対してがむしゃらに走る天才肌タイプ。熊井はいろいろな部分に目を配るバランスのよいタイプではないかと思う。

こう考えれば、研究者にはいろいろな素養が必要な中で、本章の最初で熊井が「研究者に必要なこと」として、あえて「忍耐」「観察眼」「愛情」の三点をあげたことが、さらに興味深く思えてくる。

マグロと熊井の隠れた関係

最後に熊井とマグロの運命的とも思える関係を紹介しておく。

熊井は昭和一〇年一〇月一〇日生まれと、一〇が三つも並ぶ非常に覚えやすい誕生日である。この一〇月一〇日は、奇《く》しくも「マグロの日」に指定されている。熊井の業績を顕彰して定められたと思われるかもしれないが、これはまったくの偶然で、万葉集に収められている山部赤人《やまべのあかひと》が詠《よ》んだ歌にちなんで制定されたものである。

聖武天皇に随行していた山部赤人が、現在の兵庫県明石《あかし》市の西方、播磨灘《はりまなだ》でマグロ釣りの光景を見て次のような歌を詠《よ》んでいるのだ。

やすみしし、吾《わ》が大君の、神《かむ》ながら、高《たか》知らせる、印南野《いなみの》の、邑美《おうみ》の原の、あらたへの、藤井の浦に、鮪《しび》釣ると、海人《あま》舟《ぶね》騒ぎ、塩焼くと、人ぞさはにある、浦をよみ、うべも釣りはす、浜をよみ、うべも塩焼く、あり通ひ、めさくもしるし、清き白浜

マグロを釣る光景を見たのが、奈良時代の神亀《じんき》三（七二六）年一〇月一〇日のことであるという。これにちなみ日本かつお・まぐろ漁業協同組合が、マグロの消費拡大のために昭和六一（一九八六）年に「まぐろの日」に制定したのだ。

また一〇月一〇日は、マグロの日以外にも、「とと（魚）」の語呂《ごろ》合わせから、日本釣振興会と全日本釣り団体協議会により、「釣りの日」にも指定されている。さらに、明治一〇（一八七七）年一〇月一〇日に北海道開拓使の石狩缶詰所で日本で最初の缶詰の商業生産が行われたことから、日本缶詰協会により「缶詰の日」にも指定されている。この最初に商業生産でつくられた缶詰は、石狩川で獲《と》れたサケだったそうで、一〇月一〇日というのは、とことん魚に縁がある日なのである。

一〇月一〇日がこれほど魚に縁があることは、偶然というにはあまりにも奇遇であるが、一番それを感じているのは熊井本人に違いない。

インタビューの最後に熊井にこれから進路を選ぶ若い人たちへのメッセージをお願いしてみた。

「生物の研究者になるなら生き物が好きであることが大事ですね。好きこそものの上手なれで、好きということはいい仕事に繋がりますから。生物の研究者に限らず、好きな道に進んで、その道でメシが食えるなら、そんな幸せなことはありません」

自らの半生を振り返り、好きな道に進んだことが間違っていなかったことを確認するかのようにそう答えた。

補足章

その後の近大マグロ

単行本出版から五年の月日が過ぎた。第6章「完全養殖のめざすもの」で、完全養殖マグロの今後の問題点や将来の目標について触れたが、この五年間に新たに得られた知見や、技術的に進展した点も多い。またこの間に完全養殖で生産される「近大マグロ」についての認知度も上がり、世間が近大マグロに寄せる期待はさらに高まってきている。

そこで本章では、この五年間の研究の進展を、クロマグロを取り巻く環境の変化とともに紹介し、文庫化までの状況の変化を補足したい。

クロマグロに対する規制の流れ

平成四（一九九二）年に京都で行われた第八回ワシントン条約締約国会議で、スウェーデンが大西洋クロマグロの国際商取引に規制をかける提案を行ったことや、五つの地域漁業管理機関や各機関に加盟する国々等が合同会合を開き、クロマグロの資源保護についての話し合いを定期的に続けていることは、すでに第6章で紹介した。

第八回ワシントン条約締約国会議では、最終的に提案が取り下げられて事なきを得たが、平成二二（二〇一〇）年にカタールの首都ドーハで行われた第一五回会議では、モナコが大西洋クロマグロの商業的国際取引禁止案を提出し、採決が行われるまでに至った。賛成に回る国が多いとの事前予想が流れたこともあり、連日新聞やテレビ報道で「クロマグロが食べられなくなる」などという見出しが躍っていたので、記憶されている方も多いのではないかと思う。結果的には中東やアフリカなど水産物の輸出で外貨を獲得している国々が反対に回ったこともあり、事前の予想を覆《くつがえ》し、賛成二〇、反対六八、棄権三〇で提案は否決されたが、改めてクロマグロの完全養殖技術を早く産業化レベルにまで引き上げる必要性を、水産庁に強く認識させる契機になった。

平成二五（二〇一三）年には、太平洋クロマグロに対する新しい動きもあった。九月に福岡市で開かれた中西部太平洋まぐろ類委員会（ＷＣＰＦＣ）の北小委員会で、翌二〇一四年の未成魚の漁獲量を二〇〇二年〜二〇〇四年の平均値から一五％以上削減するよう要求することが合意された。また沿岸の零細漁業を規制の対象外とする特例の撤廃でも一致した。これらは、一二月に開かれる本委員会で正式決定される予定である。ＷＣＰＦＣではこれまで数値付きの規制は行われておらず、これが初めての具体的な数値付きの規制となる。

但《ただ》し、この規制数値については賛否両論がある。規制の基準となる未成魚の二〇〇二年～二〇〇四年の平均漁獲量は約八〇〇〇トン。一五％削減すると約六八〇〇トンとなる。しかし、二〇一二年までの三年間の日本の漁獲量は、乱獲が原因とみられる資源量低迷の影響で、年平均約六一〇〇トンとすでに「一五％削減」を達成している。漁獲量の水準がこのままなら、実質的には削減しなくても規制値はクリアできることになる。資源保護の観点から規制は必要であるが、今後の規制数値にも注意する必要があるだろう。

陸上産卵用巨大水槽が完成

平成二二年の第一五回ワシントン条約締約国会議が、水産庁に大きなインパクトを与えたことは先に書いたが、平成二五年には、クロマグロの完全養殖の技術確立に向けた国策的な動きもあった。

永年熊井《くまい》は、独立行政法人水産総合研究センターが中心となって年一回行われる「クロマグロ養成技術交流会」（平成二四年よりクロマグロ養殖技術研究会）においいて、安定した産卵を確保することの重要性を訴えてきた。現状では、海面に設置した生簀《いけす》で採卵しているため、産卵は毎年の自然条件に大きく左右され安定した採卵が望めない。近大の大島実験場で一一年もの間、産卵がなかったことは第4章に書いたとおりだ。これを解消する方法としては、陸上に設けた水槽の安定的な条件下で産卵させることが最もよい方法であり、マダイなどの養殖魚ではすでに欲しい時に欲しいだけ採卵する技術が確立されている。しかし、クロマグロは魚体が大きく、陸上水槽の設置には巨額の費用が掛かる。一大学や企業の研究施設として作るには無理があった。そこで熊井は「国策で陸上水槽を作り、安定した産卵を確保することが今後の産業化に不可欠」と訴えてきたのだ。

その念願のクロマグロ用の陸上大型水槽が、平成二五年、長崎県の水産総合研究センター西海区水産研究所に二一億円の費用をかけて完成した。直径二〇メートル、深さ六メートルのコンクリート製水槽が屋内に二基設置され、水温や日照時間を人工的に制御できるようになっている。また使用する海水は、すべて紫外線で殺菌処理され、感染症の予防対策も施されている。竣工《しゅんこう》式の基調講演も行い、施設を見学した熊井によれば、細菌等をシャットアウトするため、見学者も窓越しに見学するようになっていたそうだ。

六月には奄美《あまみ》大島で養殖されていた平均体重一四・五キログラムの二歳魚合計一二七尾の飼育が陸上水槽で開始され、順調に行けば翌年か翌々年には、採卵が見込まれている。

熊井はこの陸上水槽での採卵が実現した場合、その受精卵は全国の研究施設に無償で提供するべきだと進言している。熊井の口からは、そのハードルが高いようだという言葉も出たが、天然資源を保護しながら、日本の食文化も守るという完全養殖の最終的な目標を見失うことなく、有効活用されることが望まれる。

一一年間の産卵の空白は黒潮が原因？

熊井が、産卵用の陸上水槽の必要性を強く説いた背景には、昭和五六（一九八一）年から平成五（一九九三）年に至る一一年間もの間、大島実験場で産卵が確認されなかった原体験がある。

この一一年間の空白の原因については、本来の産卵海域に近く、平均水温が串本《くしもと》

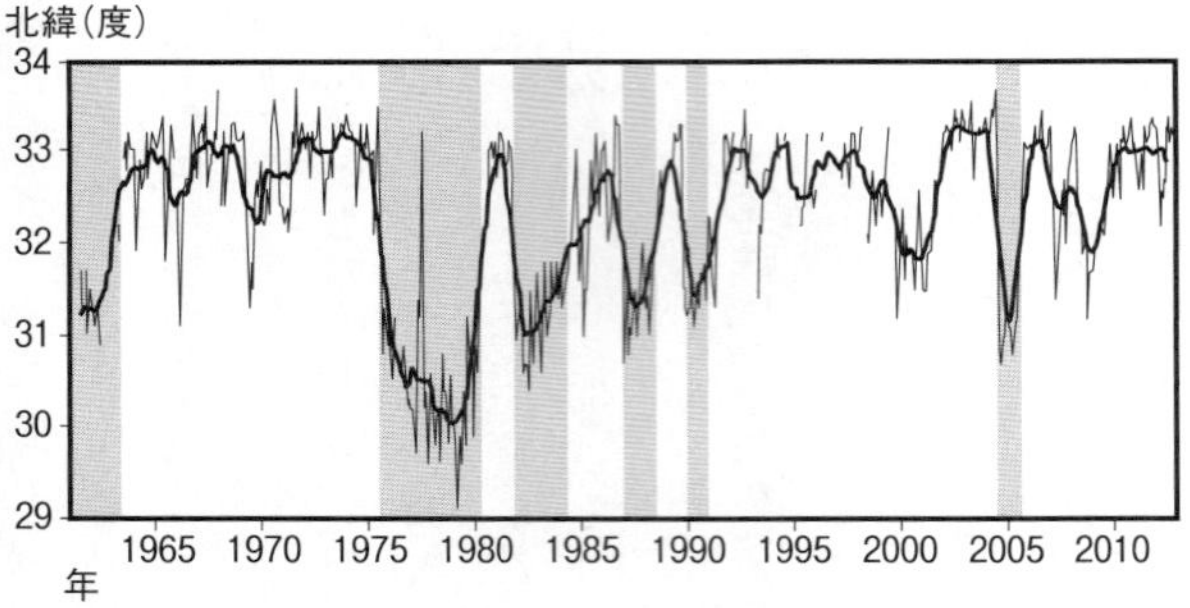

図1　東海沖における黒潮流路の最南下緯度の経年変動（1961年1月～2012年12月）
東海沖（東経136～140度）における黒潮流路の月ごとの最南下緯度を細線で、13カ月移動平均値を太線で示す。網かけ部分は黒潮大蛇行の期間を表す。

出典：気象庁　　提供：近畿大学水産研究所

より高い奄美大島では毎年産卵が確認されていることから、串本の水温の低さや、日中の水温変化が疑われていることを、第6章で紹介した。さらに近年これを補完する新たなデータも出てきている。

熊井も委員として参加している和歌山県海洋再生可能エネルギー検討委員会が、平成二五（二〇一三）年八月に開催され、そこで示された資料の中に、「東海沖における黒潮流路の最南下緯度の経年変動」というデータがあった（図1）。それを見た熊井は、ピンときたという。一一年間産卵がなかった一九八一〜一九九三年は、ちょうど黒潮が五年間にわたって南に大きく蛇行していた直後であったのだ。さらにこの時期は、大蛇行を周期的に繰り返していたことも示されていた。

熊井によれば、潮岬《しおのみさき》は伊勢《いせ》湾から流れてくる冷たい沿岸流と黒潮がぶつかる地点であり、黒潮が南に蛇行すると、水温変化が激しくなるという。

産卵がなかった一一年間は、すでに二〇年以上も前のことであり、今から原因を特定させることは難しいが、徐々にその原因についても知見が重ねられてきているのである。

完全養殖マグロは自然界で生き残れるか

完全養殖マグロに関する新たな実験も行われたので紹介しておきたい。

将来的に完全養殖マグロを自然界に放流し、繁殖させることができれば、天然資源の回復が期待できることは、第6章の終わりに書いた。しかし、現在のところ世代を重ね、人工配合飼料で育てられた完全養殖マグロが、放流後自然環境下でどの

図2　背びれにダートタグを装着された完全養殖マグロ
提供：近畿大学水産研究所

ように行動するかの知見は全くない。そこで、近大水産研究所と水産総合研究センター国際水産資源研究所が共同で、完全養殖クロマグロの放流実験を行った。

具体的には、平成二四（二〇一二）年一〇月一五日と二一日の両日、串本町沖から体長一六〜二八センチメートルにまで育った孵化《ふか》後三カ月の完全養殖第三世代のクロマグロが、合計一八六二尾放流された。放流されたクロマグロには、目印となる外部標識（ダートタグ）が背びれに付けられ（図2）、その内一一尾には、水深と水温、移動経路の推移を記録できるデータロガも腹部に挿入された。この放流については、国内各地の漁業協同組合や関連研究機関に、放流されたクロマグロを発見、捕獲した場合は、連絡とともに個体を提供してもらえるように事前に伝達された。太平洋を回遊し、アメリカ西海岸にまで到達する可能性も考えられるため、全米熱帯まぐろ類委員会にも国内同様の依頼が事前に行われた。

人工配合飼料で育てられたマグロが、三〇日以上自然界で捕食できなければ餓死するため、放流三〇日以上経過した後に、タグをつけたマグロが捕獲されれば、この実験から自力で捕食し生きながらえたことが証明される。

結果が気になるところだが、一〇月一六日〜一二月五日にかけて、計八尾が和歌山県から静岡県にかけての沿岸で捕獲された。そのうち一尾は、放流から三五日後に三重県紀北町沖で、もう一尾は放流から四五日後に串本町の定置網で捕獲されたものだ。

これにより、完全養殖で三代継代された個体でも、自然界で自力で捕食し、生存できる能力があることが証明された。

しかしながら、この結果からすぐにでも放流事業を展開すればよいとはならない。一部には、完全養殖マグロの放流により、生態系に及ぼす影響や、特定遺伝子に変異が起こった個体の繁殖を危惧《きぐ》する声もあるからだ。

熊井によれば、完全養殖された魚は、他の魚種の放流も水産庁により厳しく制限されており、放流する場合は、親魚が天然であることが義務付けられているという。

今回の実験により、完全養殖マグロの自然界での生存能力は証明されたが、放流により天然資源を回復させるという目標を達成するには、今後自然界への影響や、遺伝子の解析など、クリアしなければいけない課題が多く残っている。

種苗《しゅびょう》用稚魚の出荷と中間育成会社の設立

完全養殖に成功したクロマグロの次なる目標が、産業化にあることは第5章、第6章に書いた。産業化の成果として、平成一九（二〇〇七）年には、完全養殖された種苗用稚魚一五〇〇尾が、熊本県天草《あまくさ》市の民間養殖業者に初めて出荷されたことも第6章で紹介したとおりである。その後もクロマグロ養殖を手がけている民間業者に種苗用稚魚の出荷が行われ、平成二一（二〇〇九）年には約四万尾を出荷するまでに拡大し、産業化に向け着実に前進している。

しかし、これ以上の規模で人工孵化させた稚魚を体長二五～三〇センチメートル程度の出荷サイズにまで育てるには、大型の生簀などのさらなる設備が必要となり、近大水産研究所だけでは限界になってきた。そこで、平成二二（二〇一〇）年、近

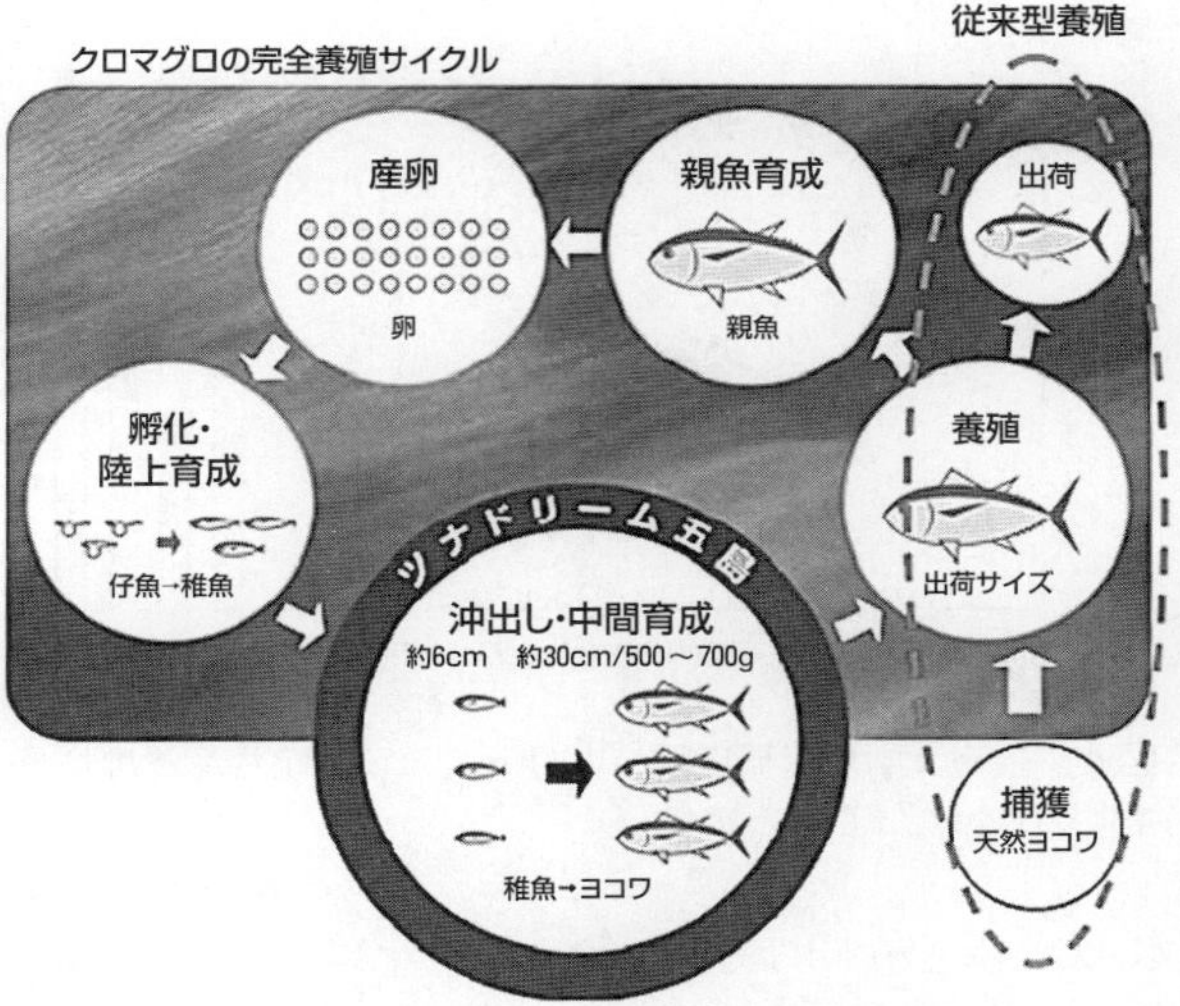

図３　ツナドリーム五島による中間育成の商業化モデル
提供：豊田通商株式会社

畿大学は豊田通商株式会社と技術協力提携を結び、豊田通商が世界で初めてとなる完全養殖種苗の中間育成会社「株式会社ツナドリーム五島《ごとう》」を設立した。

ツナドリーム五島は、長崎県の五島列島にある福江《ふくえ》島《じま》に中間育成用の海上生簀を設置し、近畿大学から完全養殖クロマグロの人工孵化種苗と、その育成ノウハウの提供を受ける。具体的には、近大水産研究所で人工孵化させ、陸上水槽で体長六センチ程度の沖

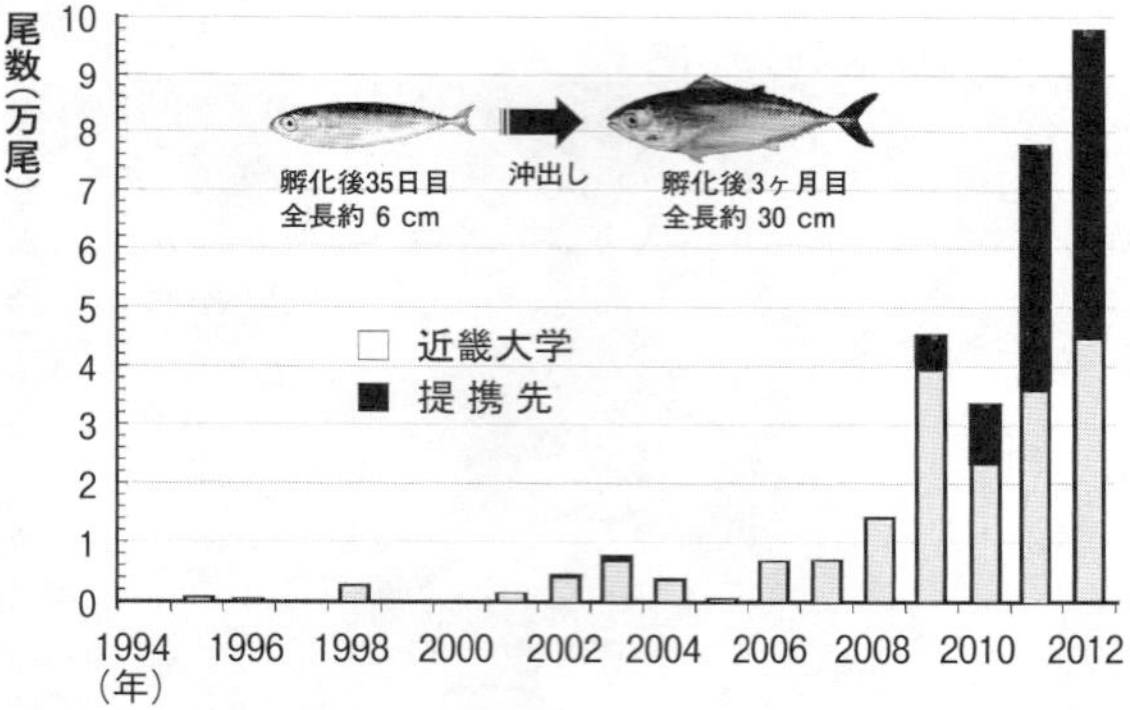

図４　近畿大学水産研究所における人工ヨコワ生産量の推移
提供：近畿大学水産研究所

出しサイズにまで育った稚魚を、ツナドリーム五島で沖出しし、体長約三〇センチ、体重五〇〇〜七〇〇グラム程度にまで育て、民間の養殖業者に出荷するという流れになる（図３）。

この種苗用稚魚の中間育成会社が設立されたことにより、ヨコワと呼ばれる体長三〇センチクラスの幼魚生産は飛躍的に伸び、平成二四（二〇一二）年には、近畿大学で約四万四〇〇〇尾、ツナドリーム五島など提携先で約五万五〇〇〇尾が生産され、完全養殖された幼魚が一〇万尾近く生産されるに至っている（図４）。

水産庁の資料によれば、平成二三（二〇

一〇）年におけるクロマグロ養殖における種苗活け込《い こ》み数が全国計で六七万六〇〇〇尾、うち人工種苗が一四万一〇〇〇尾となっている。この人工種苗には、完全養殖以外の親魚の受精卵を採卵し、人工孵化させた数値も入っているが、近畿大学の資料と照らし合わせれば、人工種苗の約三分の二を、天然資源に負荷を掛けない完全養殖で賄《まかな》えるレベルにまでなっていることが分かる。また、天然から捕獲されている種苗の五三万五〇〇〇尾に対しても、五分の一弱の約一〇万尾が、完全養殖の種苗で賄えるレベルにまでなっており、種苗量産技術は、ここ数年で大きく進歩したと言える。

熊井によれば、平成二三年から、クロマグロの養殖実績の報告が義務化されたのに続き、平成二五年の漁業権の一斉切り替えに合わせ、クロマグロの養殖をする場合は、漁業権の免許に必ず「くろまぐろ」を冠して申請しなければいけないようになるのだという。また天然種苗の活け込み数増加を前提とした新たな漁場の設定や、生簀の規模拡大については現状維持が原則となり、国による管理が一層厳しくなるという。

今後、人工種苗の安定した供給は、ますます重要な使命を担《にな》うことになる。

孵化仔魚《しぎょ》の浮上死を油膜で軽減

クロマグロの人工種苗生産における四大課題として、近大水産研究所が①採卵（不安定な産卵）、②初期減耗（浮上死と沈降死）、③稚魚期の減耗（共喰い）、④稚魚～若魚期の減耗（衝突死の多発）を挙げていることを第6章の冒頭に書いた。

共喰いについては、イシダイの孵化仔魚などを大量に与えることで軽減が図られているが、その後の研究で、孵化後一〇日目ぐらいから膵臓《すいぞう》や胃から出るトリプシンやペプシンという消化酵素の活性化が進み、空腹状態に耐え切れなくなり、その結果攻撃性が増し共喰いが頻発することが解明されている。

また、孵化後一～四日目ぐらいの日中に見られる浮上死についても、徐々に解明されつつある。生まれたばかりの仔魚の体表には粘液分泌《ぶんぴつ》細胞が多数存在し、海水面に出て空気に触れるとこの細胞が粘液を過剰分泌してしまう。その結果、表面張力で水面に張り付き、乾燥して死んでしまっていたのだ。

この問題の解決法として考え出されたのが、孵化から三日目ごろまで、水面にフィードオイルなどで油膜を作り、空気との接触を遮るという方法だ。しかしながらこの方法にも問題点がある。マグロは孵化後三日目ぐらいから体内に浮き袋を作り始める。この浮き袋を作るためには、空気が不可欠で、うまく空気を取り込めないと奇形になってしまうのだ。熊井によれば、油膜は孵化前から水槽に張っておき、この浮き袋ができるタイミングを見計らって除去するのだという。このタイミングを見誤ると生存率が一気に下がってしまうだけに、熟練の技術員でもタイミングが非常に難しいそうだ。

クロマグロ用人工配合飼料の進歩

人工配合飼料については、第6章で体重四〇〇グラム程度までの稚魚用のものが開発され、成長についてもよい結果が出ていることを紹介した。現在では、マグロ養殖業者向けに飼料会社が配合飼料の販売も行っており、すでに実用段階に入っている分野である。

第6章で成長が進んだ魚体に対応できる人工配合飼料の開発が期待されると書い

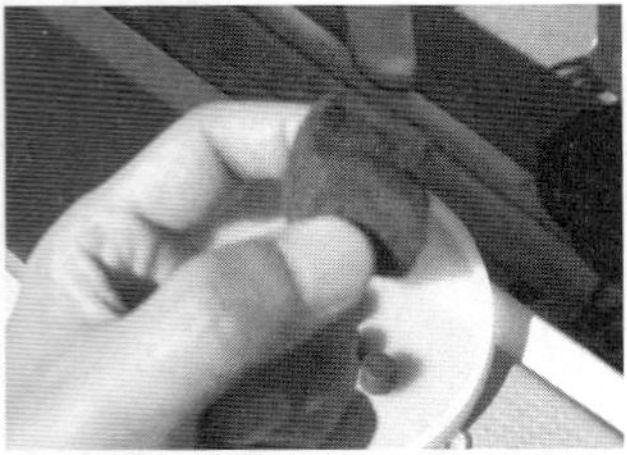
図５　成魚用の人工配合飼料

たが、現在では一キログラムサイズのヨコワまでは、効率よく成育させることが可能になっている。さらに人工配合飼料は、魚体の成長に合わせて数段階の大きさのものが用意されており、成長が進んだ成魚用の直径三〇ミリサイズの餌《えさ》も実験段階に入っている（図５）。

現在の問題点としては、数キログラムに育って以降、生餌《いきえ》で育てたグループと人工配合飼料で育てたグループでは、人工配合飼料の方が三割ほど成長が遅くなってしまう点にある。

今回、追加取材で改めて大島実験場を見学したが、同じ三年魚でも人工配合飼料のみで育てたグループは平均二〇キロ台後半で、生餌で育てたグループの平均三五キログラムの魚体と比べると見た目にもひと回り小さい。三〇ミリサイズの配合飼料の給餌の様子も見学したが、素人《しろうと》目には喰い付きもよく、生餌の喰い付きと比べても遜色《そんしょく》は感じなかった。

大島実験場で取材対応をしてもらった中谷正宏《なかたにまさひろ》によれば、ほかの魚種では配合飼料一キログラムが、水分の多い生餌に換算すると約三・五キログラムに相当するそうだ。配合飼料はクロマグロに対し、概算で一日に体重の三％程度与えられるが、生餌を一〇％与えたときほど魚体は成長しないという。大きくするためにもっと給餌量を増やせばいいのではと思うが、摂取量に限界があり、そう簡単な話ではないそうだ。今後、成魚に必要な栄養成分の解明や、より嗜《し》好《こう》性の高い飼料の開発、消化効率の向上が待たれるところである。

人工配合飼料については問題点ばかりを並べたが、明るい話題もある。平成二五年の夏に人工配合飼料のみで育てた二四キロサイズのクロマグロを試食したところ、生餌で育てたものと比べても遜色がなかったとのことである。テレビのインタビューで岡田貴彦《ときひこ》水産養殖種苗センター大島事業場場長は「独特の風味と酸味があって、だんだん脂《あぶら》の甘味も出てくる」と味にも遜色がなく、安堵《あんど》の表情を浮かべていた。うまくすれば、平成二六年には人工配合飼料で育てられたクロマグロが市場に並ぶかもしれない。

水産研究所の成果を味わえる直営店が開店

近大マグロの味の話が出たところで、近大マグロがより身近に味わえるようになったニュースもお伝えしておきたい。

従来から近大マグロは、初代社長を熊井が務めたアーマリン近大を通じて、百貨店などには出荷されてきた。平成二三年五月から社長は三代目の逵浩康《つじひろやす》にバトンタッチされているが、熊井によれば、平成二四（二〇一二）年までの五年間で、多い年には二四六一尾、少ない年でも一〇六四尾の近大マグロが販売されたそうだ。消費者の反応も上々とのことで、一度味わってみたいという方も多いと思う。そのような期待に応《こた》える形で、平成二五（二〇一三）年四月、JR大阪駅北側に完成した大型商業施設のグランフロント大阪北館六階に、その名も「近畿大学水産研究所」という店がオープンした（図6、7）。近大マグロはじめ、近畿大学が手がけた養殖魚や紀州の特産品を味わえる養殖魚専門店で、経営はアーマリン近大が、店舗の運営はサントリーのグループ会社が行っている。大学が研究の成果として自ら生産

図6　グランフロント大阪にオープンした養殖魚専門店「近畿大学水産研究所」(上)
図7　人気メニューの「本マグロと選抜鮮魚のお造り盛り」(右)

したものを専門料理店で消費者に直接提供するのは、日本の大学としては初めての試みである。店舗で使う食器の一部に、近大文芸学部芸術学科造形芸術専攻の学生が作成したものを使用したり、農学部食品栄養学科の学生がメニュー考案するなどの点もユニークな店舗だ。

消費者の反応はと言えば、オープン以来連日行列ができ、九月時点でも夜の予約は一カ月先まで満席という状態が続いている（ランチは予約不可）。店としては嬉《うれ》しい悲鳴なのだが、近大マグロが直営店で食べられるという話題性もあり、注文が近大マグロに集中し、当初提供されていたひと皿で赤身、中トロ、大トロが味わえるメニューは現在提供が制限されている。

片や、近大マグロを供給する側の大島実験場では数量的に注文に応えることが難しくなり、もう少し育ててから出荷したい三〇キロ未満の個体も出荷に回さざるを得ない状態となっている。

私も実際に店に赴き、近大マグロを食べたが、赤身でも天然物に比べ脂が乗っている感じがし、旨《うま》みもしっかりと感じられた。中トロも嫌な脂身の感じは全くなく、あとからジワッと口の中に旨みが広がった。この日食べたマグロは、奄美大島産のクロマグロだったが、串本産と奄美大島産では、若干肉質に差があるという。量的に潤沢に供給が可能になった暁には、串本産と奄美大島産の食べ比べも是非してみたいところだ。

若干供給面に不安が残るものの、平成二五年一二月には、東京銀座に二号店が出店された。関西地区では知名度もかなり高い近大マグロが、マグロに対する思い入れが強く、舌の肥えた消費者の多い東京でどう受け入れられるかは、興味深いところである（両店の詳細は二二六頁）。

平成二五年九月　浦神実験場にて

補足章の最後に、熊井英水《ひでみ》の近況を少し付記しておきたい。

21世紀COEプログラムを引き継ぐ形で始まったグローバルCOEプログラムが、平成二五年三月で終了した。この章で紹介した水産研究所の成果も、その中で積み上げられたものだ。拠点リーダーを務めた熊井もようやく一息つけるかと思いきや、改めてもらった名刺には、まだ肩書きがびっしりと書き込まれていた。

平成二五年四月からは、名誉教授の肩書きになったほか、同年一〇月には広島大学の客員教授の職も加わった。大学理事、水産研究所顧問、アーマリン近大取締役、愛媛大学客員教授、マレーシア国立サバ大学客員教授の他にも、水産関係の公職等に就いている。

熊井自身は「まあ閑職です」と言うが、講演依頼も依然多く、忙しい毎日が続いている。現在でも出張等がなければ、浦神実験場に毎日出勤し、ミーティングにも参加する熊井の姿が見られる。

熊井の受賞歴については、終章に平成二〇年度までを記したが、その後平成二二年には水産研究所に対して「第三回海洋立国推進功労者表彰」（内閣総理大臣賞）が贈られている。また、平成二二年には熊井個人に対し、長野県出身の文化・社会・教育・産業・スポーツなどに貢献した個人や団体に贈られる「信毎賞」が贈呈された。信毎とは、長野県の有力紙である信濃《しなの》毎日新聞の略である。この信毎賞には、副賞として賞金一〇〇万円が贈られるが、熊井はこれを地元の塩尻市に青少年育成のためにと全額寄付している。

五年前に熊井にインタビューした際、取材後の雑談の中で、熊井が「最後は実家の方に戻りたい気持ちもあるんですけどね」と言った言葉が、ずっと私の頭に残っていた。今回信毎賞の受賞の話を聞き、そのことを熊井に伝えると、「いろいろ考えたんですけどね。妻とも相談して住み慣れたところにいるかという話しで……」という答えが返ってきた。その後、南紀の交通網の整備の遅れなどについてしばらく話したあと、ぽつりと次のような言葉が熊井の口から漏れた。「半世紀以上も住み慣れ、お世話になった。こういうところにおったから、こういう仕事ができたとも言えますけどね」。

この言葉は、いろいろな意味に取れるが、和歌山県に対する感謝の意を私は強く感じた。五年前のインタビュー時に熊井は、「近畿大学には今まで育ててもらった恩がありますので、命が続く限りは恩返しがしたいと思っています」と話している。熊井の残りの人生の進路が、自《おの》ずとこれらの言葉の中に見えた気がした。

◎店舗情報

【大阪梅田店】
「近大卒の魚と紀州の恵み　近畿大学水産研究所」
住所　大阪市北区大深町三番一号グランフロント大阪ナレッジキャピタル六階
URL　http://kindaifish.com
TEL　06-6485-7103

【東京銀座店】
「近大卒の魚と紀州の恵み　近畿大学水産研究所」
住所　東京都中央区銀座六丁目二番先　東京高速道路山下ビル二階
URL　http://kindaifish.com
TEL　03-6228-5863

（データは平成二五年一〇月現在）

おもな参考資料

本書の執筆にあたっては、熊井英水近畿大学水産研究所元所長への取材を中心とした。そのほかにも、さまざまな書籍や記事、論文などを参考にした。以下、執筆の際にとくに参照した資料をあげておく。

●マグロについて
河野博・茂木正人監修・編『マグロのすべて』（食材魚貝大百科別巻1）平凡社（二〇〇七）
小野征一郎『マグロの科学—その生産から消費まで—』成山堂書店（二〇〇四）
星野真澄『日本の食卓からマグロが消える日—世界の魚争奪戦』日本放送出版協会（二〇〇七）

軍司貞則『マグロ戦争』　アスコム（二〇〇七）

●マグロ養殖の経緯および近畿大学水産研究所の取り組みについて

NHKプロジェクトX制作班編『プロジェクトX挑戦者たち29　曙光《しょこう》　激闘の果てに』　日本放送出版協会（二〇〇五）

水産庁遠洋水産研究所「マグロ類養殖技術開発試験報告　1970年4月〜1973年3月」（一九七三）

水産庁・水産総合研究センターウェブサイト「国際漁業資源の現況」

熊井英水「クロマグロの完全養殖への道のり」『科学と工業』第八二巻第一号（二〇〇八）三―一二頁

「特集：養殖　クロマグロの完全養殖に至る経緯と将来展望」『食の科学』第三〇九号（二〇〇三）四―一三頁

「養殖」臨時増刊号『01年度養魚施設ガイド』　緑書房（二〇〇二）

熊井英水、宮下盛「クロマグロ完全養殖の達成」『日本水産学会誌』六九巻一号（二〇〇三）一二四―一二七頁

「完全養殖マグロの量産化へ邁進《まいしん》！」『アクアネット』（二〇〇六年一〇月号）
「〝海のダイヤ〟クロマグロの完全養殖に世界で初めて成功!!　近畿大学水産研究所の挑戦」『螢雪時代』二〇〇二年一二月号
熊井英水「我、クロマグロ養殖に成功せり」『文藝春秋』二〇〇三年二月号
「クロマグロの養殖　海のダイヤを安価に量産」『日経ビジネス』二〇〇四年一一月二九日号
「成功の本質　第20回　近畿大学水産研究所／クロマグロ完全養殖」『Works』二〇〇五年六―七月号
「ベンチャーの達人　熊井英水」『デイリータイムズ』二〇〇五年一二月号
「21世紀COE道場　近畿大学　トロが身近になる日」『論座』二〇〇五年一二月号
近畿大学21世紀COEプログラムニュースレター、vol．1～12
原田輝雄先生と近畿大学水産研究所の歩み　近畿大学水産研究所水産増殖談話会
近畿大学水産研究所所長熊井英水博士日本水産学会技術賞受賞記念講演要録
近畿大学大学新聞「水産研究所　クロマグロ完全養殖」二〇〇五年一月一日

●熊井氏の半生について

松本平タウン情報「私の半生　熊井英水1～24」二〇〇六年二月一日～四月二日
朝日新聞「暮らしみつめて　熊井英水1～4」二〇〇三年五月二一日～六月一一日
日本経済新聞「人間発見　熊井英水1～5」二〇〇五年五月三〇日～六月三日

●補足章の参考資料

熊井英水『究極のクロマグロ完全養殖物語』日本経済新聞出版社（二〇一一）
熊井英水、宮下盛、小野征一郎共編著『近畿大学プロジェクト　クロマグロ完全養殖』成山堂書店（二〇一〇）
西日本新聞「クロマグロ　資源保護は日本の責任だ」二〇一三年九月一六日社説
NHK NEWS WEB「今後どうなる？　クロマグロ」二〇一三年九月六日
独立行政法人　水産総合研究センター「太平洋クロマグロの調査研究について」
日本経済新聞「高級魚クロマグロは身近な食材になるか　水槽で産卵、研究スター

ト」二〇一三年八月一二日
近畿大学・豊田通商プレスリリース　二〇一〇年九月一〇日付
近畿大学プレスリリース　二〇一二年一二月一三日付

あとがき

まず最初に、お忙しいところを取材に時間を割き、丁寧に対応してくださった熊井英水先生と水産研究所のみなさんに感謝申しあげます。

そして最後まで読んでくださった読者のみなさんにもお礼申しあげます。

一年前、マグロに縁もゆかりもなかった私が、このような本の執筆を担当させていただけるとは夢にも思っていませんでした。お話をいただいても、まったく興味のない内容ならもちろん請けていなかったでしょう。しかし、三二年という壮大な積み重ねの結果、数年前に世界初の快挙として完全養殖が達成され、その中心におられた熊井先生にインタビューし、現場を取材できるという魅惑の果実に「ぜひお願いします」と頭を下げていたのです。

最初の取材は、平成二〇（二〇〇八）年二月のことでした。雪のために遅れて京都駅に入線してきた特急電車が紀勢線を南下すると、車窓からはほころび始めた梅の花が明るい太陽を浴びていました。浦神実験場で迎えてくださった熊井先生には、長時間のインタビューにもかかわらず、終始なごやかに学生時代の話から、永年の研究についてまで、わかりやすく丁寧に答えていただきました。先生にはこのあと数回お会いし、さらにお話をうかがうことになりますが、いつも穏やかに丁寧に、そして的確に受け答えいただき、インタビュアーとしては非常に楽しい時間でありました。そのような熊井先生の人柄や雰囲気も、本書から読み取っていただければ幸いです。

また、本書に取り組み始めて、改めてマグロに関しての情報が巷《ちまた》に溢《あふ》れていることに驚かされました。これはマグロがいかに日本人に愛されているかのあらわれかと思います。

そのような環境の中で、クロマグロの完全養殖の研究に、こんなにも夢中に、人生の大半を費やしておられる方がたがいらっしゃることを紹介できたことは、意義深く思います。

本書の制作を進めていた平成二〇年は、バイオエタノール生産の増大や投機マネー流入による穀物価格の高騰《こうとう》、中国製餃子《ぎょうざ》への農薬混入事件、原油価格高騰による漁船の一斉休漁、食料自給率の問題などなど数多くの「食」に関するニュースが流れた年でした。

とくに若い方がたに本書が、食に関する現在の諸問題、さらに将来起こりうる問題までを考えるきっかけとなれば、著者冥利《みょうり》に尽きるところであります。

文頭、マグロに縁もゆかりもなかったと書きましたが、じつは一点だけマグロにも熊井先生にも縁があったことを書き加えておきます。

私が文筆業に携わるようになったのは、趣味の銭湯めぐりがきっかけだったのですが、熊井先生の誕生日でもあり、マグロの日でもある一〇月一〇日は、銭湯の日（せんとう＝一〇一〇の語呂《ごろ》合わせから）でもあったのです。本書を書かせていただいた必然性が少しだけでもあったようで、嬉《うれ》しく思います。

最後になりますが、執筆のきっかけを与えてくださった化学同人取締役編集部長の平祐幸氏と、なかなか入らない原稿にも我慢強くご指導いただいた編集部の津留貴彰氏に厚くお礼申しあげます。ありがとうございました。

平成二〇年一〇月吉日

林　宏樹

文庫版あとがき

単行本刊行から五年が経《た》ちました。この間にも近大マグロは産業化に向けて歩みを進め、いくつかのクロマグロに関するニュースがテレビや新聞を賑《にぎ》わせました。この五年間の動向については、改めて熊井英水先生にお話を伺い、近畿大学水産研究所大島実験場やグランフロント大阪の店舗を訪ね、補足章として加筆しました。この場を借りて、熊井先生はじめご協力いただいたみなさんにお礼申し上げます。

クロマグロの完全養殖は、近畿大学水産研究所が平成一四（二〇〇二）年に世界で初めて成功し、一一年が経過しました。平成二二（二〇一〇）年には、マルハニチログループが世界二例目として完全養殖に成功していますが、事業化にはいましばらく時間が掛かるようです。熊井先生は今回の取材の中でも「水産というのは論文を読んだだけで真似《まね》できるものではない」と強調されていましたが、近大水産研究所の完全養殖達成がいかに偉業であったかは、今後も年を経るにつれ再認識されるのではないかと感じています。

文庫化にあたって、タイトルを「近大マグロの奇跡　完全養殖成功への32年」と改めましたが、「不可能を可能にした」近大水産研究所の偉業を「奇跡」という言葉に託しました。奇跡という言葉からは、手品のような不思議で理解不能なことをイメージされる方がおられるかもしれませんが、ここまで読んでくださった方に、「近大マグロの奇跡」は、ひとつひとつの積み重ねによって達成されたものであることを改めて説明する必要はないでしょう。

最後になりますが、近大水産研究所の偉業に違う角度からスポットライトが当たる解説を書いてくださった勝谷誠彦さんにお礼申し上げます。解説を読んだ多くの方が、すぐにでも近大マグロを食べに行きたい気分になっていると思います。また、今回文庫化の機会を与えてくださった新潮社と、担当の古浦郁さんにもお礼申し上げます。ありがとうございました。

平成二五年一〇月吉日

林　宏樹

解説

勝谷誠彦

何をおいてもこれは食べなくてはなるまい。本書の解説を頼まれた私は、スケジュール表を睨《にら》んだ。これでもいちおう、食べ物についての本を数多く書いてきた人間である。林宏樹さんの素晴らしい筆によって、いかにマグロの「養殖」には詳しくなっても、味を知らずにいては、魚に申し訳ない。さて、どこで大阪まで食べに行けるかと考えたのだ。

近大の完全養殖マグロを食べさせるレストラン『近畿大学水産研究所』が、大阪駅に隣接した、新たな商業施設『グランフロント』にあることには、当初から注目していた。私がニヤリとしたのは『ナレッジキャピタル』という一角に店を構えたことにである。『グランフロント』にはもちろん食堂街もある。しかし、同じフロアながらそれとは一線を画して、学術や文化を発信する産学共同のアンテナショップが並ぶ場所に出店したところに、私は頷《うなず》いたのだ。それこそが、本書をも貫く「実学の精神」の発露だと思ったので。

この原稿の締め切りの数日前に大阪に立ち寄る機会があった。特にお願いして席を確保してもらったのは、今や予約もなかなかとれない店になっているからである。はたして出かけて見るとロープが張られた場所に、大勢の人々が並んでいて「ズル」をした私は恐縮した。すんまへん、マグロたちについてちゃんと書くためなんです。かんにんな。

店は明るく、活気がある。アンテナショップというのは、素人《しろうと》っぽくても許されると勘違いしているところが往々にしてあるのだが、そういう甘えがない、完璧《かんぺき》にプロの仕事っぷりだ。オペレーションにはサントリーの関連企業がかかわっているらしいが、うどん店の経営者でもある私から見ても、とてもではないが「大学がやっている店」とは思えない。これもさきほど触れたような「実学」の誇りがそうさせているのだろう。

メニューがボロボロだった。貶《けな》しているのではない。ああ、ここに来る客は「ある意志」を持っているんだな、とわかるのである。漫然と食べに来ているのではなく、「近大が完全養殖に成功したマグロ、あるいは他の魚たちを食べたろやん」だ。もっと言えば背後の「物語」を味わいに来ているのであって、だからメニューをかこんで、仲間うちであぁでもない、こうでもないと語り合っているのに違いない。本当に楽しい美食とは、ここから始まるものだと私は信じている。

「本マグロと選抜鮮魚のお造り盛り」と「本マグロ中身のガーリック醬油《しょうゆ》焼き」を頼んだ。「近大マグロかまの天然塩焼き」は早い時刻なのにもう品切れだ。それでもお造り盛りの中にマグロがあるのは幸運だと言うべきであって、本書の補足章にあるように、当初の赤身、中トロ、大トロを味わい比べられるマグロ三種盛りは商品の供給が追いつかずにメニューからとりあえず消されている。

この日、盛り込まれていたのは中トロだった。醬油につけるとぱあっと脂《あぶら》が皿の中に広がる。一方で醬油をはじく身の表面を見て、私はもう味を確信していた。付着の分布が均一なのだ。脂が表面で自己主張することなく、赤身の細胞の間に宿っている感触がある。口にして、それは確信にかわった。繻子《しゅす》のような舌触り。いかなる夾雑物《きょうざつぶつ》もない。きわめて均質な、完成度の高い味だ。赤身の持つあのヘモグロビンの香りと、大トロの猥雑《わいざつ》といっていい脂肪ののたくり具合の双方を兼ね備えている。たまたまだが、中トロに当たったというのは、近大マグロというものを識《し》る上で幸運であったかも知れない。

これは「工業製品だ」と私は直感した。ここでも貶しているのではない。驚嘆しているのだ。たとえば私のやっているうどん屋では「工業製品ではないうどん」を出すことを目標にしている。「出回っているほとんどのうどん」が「工業製品」であるゆえに、その無機質さや均一さを排除したいからだ。しかし魚というものは逆である。もともと個体によってきわめて差がある。漁師たちに叱《しか》られるのを覚悟で言えば、漁業は農業でいえば粗放な段階にまだ止まっていると言っていい。「そこにあるものをとってくる」のであって、「自分たちの手のうちで作り上げる」レベルに至っている農業とは、発達段階において大きな差がある。つまりは食べ手にとっては「当たり外れ」があるということだ。そう考えると養殖とは、漁業の農業化といってもいい。日本国が養殖大国であるのは、農耕民族なのと深い関係があるのではないか。

だがその養殖ですら、コメづくりなどの芸術といっていい農業の精緻《せいち》な栽培技術に比べると、まだまだ遅れたものだった。やはり、基本の考え方部分で「漁民的」

なのだろう。近大水産研究所は、その漁民的DNAからいったん離れ、実際の漁師たちの知恵や経験を借りながらも、あたらしい哲学を作り上げた。それが「羊飼い」ならぬ「魚飼い」という考え方だと、本書を読んで私は痛感した。

林宏樹さんによる、地を這《は》うような取材から養殖技術そのものを教えてもらうこともちろん楽しい。しかし近大がなしとげた、この知と産業の「パラダイムシフト」を読み解くことが、再生をかけている日本国のあらゆる産業に活《い》かされるのではないだろうか。

「工業製品」の品質を維持していくのは、クオリティコントロールである。日本国の経済をこれまでひっぱって来た「ものづくり」の巨人たちの企業は、ほぼすべてがワンマン経営だった。面白いことに、創業者のワンマンの時代が終わったあたりから、業界全体の凋落《ちょうらく》が始まった。クオリティコントロールとはつまりは統制である。統制がもっとも機能するのは、独裁者のもとであるとは、残念ながら歴史が証明する通りだ。近大マグロの成功は、近畿大学という「私学」が主導したことにあると、私は本書で痛感した。その思いを、解説を書くことを報《しら》せるのとあわせて、旧知の国会議員、世耕弘成《せこうひろしげ》さんにメールをした。この第二次安倍《あべ》内閣の内閣官房副長官は、本書にしばしば登場する近大の初代総長・世耕弘一《こういち》さんの孫であり、二代目総長・政隆《まさたか》さんの甥《おい》にあたる。ちなみに三代目は、父の弘昭《ひろあき》さんだ。返事にはこうあった。

〈マグロの完全養殖は近大が民主的に運営されていたら絶対に成し得ない事業でした。同族による経営の良い面が出たプロジェクトだと思います。〉

自由「民主」党の政府首脳のこんなコメントを紹介するとあとで叱られるかも知れないが、私が本書から学んだ本質のひとつを、さすがに身内だけあって鋭く突いている。

「不可能を可能にするのが研究だろう」という初代総長・世耕弘一さんの言葉は、本書を貫く、ひとつの大きな柱である。この言葉に支えられて、熊井英水さんをはじめとする関係者は走り続け、三十余年を経てついに完全養殖に成功する。

しかし、この言葉は日本国の「喪《うしな》われた二十年」にもっとも欠けていたことのように、私には思われてならない。「不可能を可能にする」ことのリスクを誰もがとらなくなったのだ。それはさきほど触れた、ワンマンの巨人たちの退場と軌を一にしていた。そんな時代の風の中で、熊井さんたちは営々と「不可能を可能にする」試みを続けてきた。それを支えたのは、時代の風を読む連中からみれば「古くさい」近大の「校風」だったことにほかならない。〈同族の経営による良い面〉とはそのことで、この考え方の復活も、日本の将来の指針のひとつになりうるだろう。

私たちはいま、成功の物語を希求している。その鮮やかな一例が文庫版として世に出ることは、まさに時代の要請と言っていい。グランフロントの店で近大マグロを食べる前には、ぜひ本書を読んでいただきたい。

何よりの前菜であり、調味料になると私は信じている。

親本の最終章は、熊井さんの誕生日が奇《く》しくも十月十日の「マグロの日」であることで結ばれている。私もひとつ気づいてしまった。信州の山峡に生まれた熊井さんなのに、名前の中に「水」を持っている。近畿大学水産研究所の「水」を。

（平成二十五年十月、コラムニスト）

この作品は二〇〇八年十一月株式会社化学同人より刊行された
『世界初！　マグロ完全養殖——波乱に富んだ32年の軌跡』を
改題したものである。

椎名誠著　**わしらは怪しい雑魚《ざこ》釣り隊**

あの伝説のおバカたちがキャンプと釣りと宴会に再集結。シーナ隊長もドレイもノリノリの大騒ぎ。〈怪しい探検隊〉復活第一弾。

江戸家魚八著　**魚へん漢字講座**

鮪・鰈・鮎・鯒——魚へんの漢字、どのくらい読めますか？　名前の由来は？　調理法は？　お任せください。これ1冊でさかな通。

太田和彦著　**居酒屋百名山**

北海道から沖縄まで、日本全国の居酒屋を訪ねて選りすぐったベスト100。居酒屋探求20余年の集大成となる百名店の百物語。

池波正太郎著　**食卓の情景**

鮨をにぎるあるじの眼の輝き、どんどん焼屋に弟子入りしようとした少年時代の想い出など、食べ物に託して人生観を語るエッセイ。

野瀬泰申著　**納豆に砂糖を入れますか？**
—ニッポン食文化の境界線—

日本の食の境界線——それはいったいどこにあるのか？　正月は鮭？ブリ？　メンチカツかミンチカツか……味の方言のナゾに迫る。

小泉武夫著　**絶倫食**

皇帝の強精剤やトカゲの姿漬け……発酵学の権威・小泉博士が体を張って試した世界の強精食。あっちもこっちも、そっちも元気に！

近大《きんだい》マグロの奇《き》跡《せき》

—完全養殖成功への32年—

新潮文庫　は－59－1

平成二十五年十二月一日発行

著者　林《はやし》宏《ひろ》樹《き》

発行者　佐藤隆信

発行所　株式会社新潮社

郵便番号　一六二―八七一一
東京都新宿区矢来町七一
電話　編集部(〇三)三二六六―五四四〇
　　　読者係(〇三)三二六六―五一一一
http://www.shinchosha.co.jp

価格はカバーに表示してあります。

乱丁・落丁本は、ご面倒ですが小社読者係宛ご送付ください。送料小社負担にてお取替えいたします。

印刷・錦明印刷株式会社　製本・錦明印刷株式会社

ISBN978-4-10-127961-9 C0162